战斗机大迎角过失速机动的建模控制与评估

张 平 欧阳光 著

北京航空航天大学出版社

内 容 简 介

战斗机的大迎角过失速机动在未来战争中将会成为决定近距空战胜负的关键因素之一。本书追溯并讨论了大迎角非线性建模、控制与评估的相关技术，包括大迎角非定常气动建模、非线性控制律设计、战斗机敏捷性评估以及面向飞行任务的飞行品质评估方法，同时分析了以上领域当前所需考虑的关键技术和技术难点。本书重点介绍了先进战斗机实现大迎角过失速机动所需的动态非线性建模方法，给出了两种非线性控制技术应用并将部分敏捷性和面向飞行任务的飞行品质评估方法用于战斗机大迎角机动评估。本书对所有研究的方法都进行了仿真验证，证实了这些品质指标的可应用性。

本书在非定常气动建模、非线性解耦控制、控制分配技术和大迎角机动评估准则方面的研究，可以有效解决战斗机过失速机动性能提升所面临的关键技术难题，为后续过失速机动研究工作的开展提供了有益参考。

本书适用于航空领域科研人员和航空院校研究生、本科生参考使用。

图书在版编目(CIP)数据

战斗机大迎角过失速机动的建模控制与评估 / 张平，欧阳光著. -- 北京：北京航空航天大学出版社，2019.9
ISBN 978 - 7 - 5124 - 3097 - 6

Ⅰ.①战… Ⅱ.①张… ②欧… Ⅲ.①歼击机－过失速－机动飞行－研究 Ⅳ.①E926.31

中国版本图书馆 CIP 数据核字(2019)第 196328 号

版权所有，侵权必究。

战斗机大迎角过失速机动的建模控制与评估
张　平　欧阳光　著
责任编辑　宋淑娟　潘晓丽

＊

北京航空航天大学出版社出版发行

北京市海淀区学院路 37 号（邮编 100191）　http://www.buaapress.com.cn
发行部电话：(010)82317024　传真：(010)82328026
读者信箱：goodtextbook@126.com　邮购电话：(010)82316936
北京九州迅驰传媒文化有限公司印装　各地书店经销

＊

开本：710×1 000　1/16　印张：8.5　字数：181 千字
2019 年 11 月第 1 版　2019 年 11 月第 1 次印刷　印数：1 000 册
ISBN 978 - 7 - 5124 - 3097 - 6　定价：49.00 元

若本书有倒页、脱页、缺页等印装质量问题，请与本社发行部联系调换。联系电话：(010)82317024

前　言

  战斗机的过失速机动是具有推力矢量发动机的新型战斗机的一个新型机动任务,它突破了传统的失速障碍,扩大了战斗机的可用迎角范围,提供了更高的机头指向能力和敏捷性,大大提高了战斗机的近距空战能力和水平。目前,对于具有推力矢量发动机的新型战斗机来说,过失速机动技术成为了一个热门研究领域。本书结合大迎角过失速机动所面临的关键技术,即针对大迎角下气动参数具有的动态非线性迟滞特性的精确建模技术、面向具有气动迟滞特性的飞控系统的非线性控制技术、包括推力矢量在内的多操纵面的控制分配技术、战斗机的敏捷性评估和大迎角面向任务的飞行品质评估技术等方面,进行了较为尽详的综述和论证。其中,详细介绍了一种有效的动态非线性气动特性建模技术、基于扩展线性化和动态逆的过失速控制技术、常规的敏捷性评估技术和目前仅有国外在研究的面向任务的大迎角飞行品质评估技术,并对这些方法均进行了原理探讨、应用实现和仿真研究。研究结果表明,本书所提出的方法具有较好的参考和应用价值。

  本书是多名研究生前后经历了十余年研究的综合研究成果,是在对多种具备了推力矢量发动机的新型战斗机的吹风数据和各种面向大迎角机动的非线性控制技术进行了重复深入的研究的基础上择优形成的。敏捷性评估和大迎角飞行品质评估技术在国内外都是新的研究领域,本书在对国内外的相关研究历史及现状的充分考证下所形成的一系列评估指标,具有对过失速技术研究的前瞻性和可应用性。

  本书在编写过程中得到赵德明、王东、顾明、李秋菊等的研究成果的支持;得到清华大学朱纪洪教授的指导与帮助,受益匪浅;得到北京航空航天大学陈宗基教授、李卫琪、夏洁副教授的大力支持,特在此表示感谢。

张　平
2019 年 5 月

缩略术语与符号表

BPNN	反向传播神经网络,Back-Propagation Neural Network
N-M	单纯型法,Nelder-Mead Method
PSO	粒子群优化算法,Particle Swarm Optimization
L-S	最小二乘法,Least Square
MTE	使命任务单元,Mission-Task-Element
V,α,β	空速,迎角,侧滑角
ϕ,θ,ψ	滚转角,俯仰角,偏航角
μ,φ,γ	航迹倾斜角,航迹方位角,航迹滚转角
p,q,r	滚转角速度,俯仰角速度,偏航角速度
u,v,w	速度在体轴的分量
$\delta_e,\delta_a,\delta_r$	升降舵偏角,副翼偏角,方向舵偏角
δ_{TZ},δ_{TY}	推力矢量垂向偏角,推力矢量侧向偏角
δ_T	油门推力百分比
b	机翼展长
$\bar{c}$	平均气动弦长
S	参考机翼面积
ρ	空气密度
C_*	*引起的气动系数
P	推力值
I_X,I_Y,I_Z	三轴转动惯量
I_{XZ}	惯性矩
m	质量
Ma	马赫数

由于第 3 章 3.1 节设计方法采用的是苏制坐标系,涉及的飞机系统变量包括:

γ,ϑ,φ	滚转角,俯仰角,偏航角
$\bar{\omega}_x,\bar{\omega}_z,\bar{\omega}_y$	滚转角速度,俯仰角速度,偏航角速度
V_x,V_y,V_z	速度在体轴的分量
$\delta_z,\delta_x,\delta_y$	升降舵偏角,副翼偏角,方向舵偏角

L_a 机翼展长
B_A 平均气动弦长
L, Z, D 升力,侧力,阻力
M_x, M_y, M_z 三轴力矩

目 录

第1章 过失速机动概述 1
  1.1 过失速机动的概念与效益 1
    1.1.1 过失速机动的定义 1
    1.1.2 过失速机动的优势 4
  1.2 关于推力矢量技术 5
    1.2.1 采用推力矢量的效益 5
    1.2.2 推力矢量的研发历史 6
  1.3 大迎角过失速机动的发展历史与现状 8
  1.4 实现过失速机动的关键与难点 10

第2章 大迎角飞行状态气动建模 11
  2.1 大迎角飞行中的非定常气流特性 11
  2.2 大迎角非定常气流特性建模方法 13
    2.2.1 大迎角下的气动导数模型 13
    2.2.2 非定常气动状态空间模型 14
    2.2.3 参数辨识使用的优化算法 16
    2.2.4 基于状态空间与神经网络的混合模型 19
    2.2.5 非定常气动混合模型仿真验证 25
  2.3 本章小结 31

第3章 大迎角过失速机动的控制 32
  3.1 大迎角飞行中的刚体飞机模型 32
    3.1.1 刚体飞机的六自由度非线性方程 32
    3.1.2 推进系统及推力矢量模型 34
    3.1.3 操纵面舵机模型 36
  3.2 基于扩展线性化方法的飞控系统设计 36
    3.2.1 基于扩展线性化的控制概念 37
    3.2.2 扩展线性化的指令跟踪系统设计 38
    3.2.3 带有推力矢量的战斗机的控制分配 49
    3.2.4 过失速机动仿真 53
  3.3 一种基于动态逆控制的飞控系统设计 57
    3.3.1 动态逆控制的概念 57

3.3.2　基于力矩补偿的控制分配设计……………………………… 58
　　3.3.3　大迎角机动的控制构型…………………………………… 62
3.4　本章小结…………………………………………………………… 69

第4章　大迎角过失速机动的评估方法……………………………… 70
4.1　敏捷性评估技术指标……………………………………………… 70
　　4.1.1　俯仰敏捷性指标…………………………………………… 70
　　4.1.2　扭转敏捷性指标…………………………………………… 72
　　4.1.3　空战能力敏捷性指标……………………………………… 74
　　4.1.4　敏捷性指标量化…………………………………………… 76
4.2　面向任务的大迎角机动评估指标………………………………… 77
　　4.2.1　MTE任务分类……………………………………………… 79
　　4.2.2　面向飞行品质评估的MTE分解方法……………………… 80
　　4.2.3　单机机动任务及评估指标………………………………… 81
　　4.2.4　双机机动任务及评估指标………………………………… 85
　　4.2.5　大迎角机动任务评估指标量化…………………………… 91
4.3　本章小结…………………………………………………………… 92

第5章　大迎角非线性控制与机动评估仿真验证…………………… 93
5.1　敏捷性仿真验证与评估…………………………………………… 93
　　5.1.1　俯仰敏捷性仿真…………………………………………… 93
　　5.1.2　扭转敏捷性仿真…………………………………………… 97
　　5.1.3　空战能力敏捷性仿真……………………………………… 99
5.2　面向任务的机动仿真验证及评估………………………………… 102
　　5.2.1　单机机动任务仿真………………………………………… 102
　　5.2.2　双机机动任务仿真………………………………………… 107
5.3　大迎角机动飞行品质评估软件…………………………………… 112
5.4　基于FlightGear的机动评估可视化显示………………………… 114
　　5.4.1　单机/多机仿真UDP数据包格式………………………… 114
　　5.4.2　WGS-84坐标系姿态位置变换…………………………… 115
　　5.4.3　可视化显示评估示例……………………………………… 116
5.5　本章小结…………………………………………………………… 118

结束语………………………………………………………………… 119

参考文献……………………………………………………………… 121

第 1 章 过失速机动概述

1.1 过失速机动的概念与效益

现代先进战斗机的发展日益迅速,为了提高飞机的空战效能,一般着重考虑飞机的隐身性能、超声速巡航能力、超机动能力、敏捷性和短距起降等重要因素。现代空战类型按照攻击距离划分,主要分为中远距空战和近距空战两个阶段,二者又被分别称为超视距(beyond visual range)空战和视距内(within visual range)空战[1]。超视距空战为中高空、超声速区域下的作战方式,战机利用雷达火控系统,使用中远程导弹进行超视距攻击。在相同武器装备条件下,超视距空战要获得胜利主要依靠战斗机良好的隐身性能及超声速巡航能力。但随着现代先进战斗机隐身能力的提升,机载雷达越来越难以实现视距外的敌机捕获及目标锁定,远距甚至中距空空导弹不能有效击落敌机,因此不可避免地演化为视距内空战。现代几次局部战争的经验表明,发生视距内空战的情况是极为频繁的。例如海湾战争时多国部队击落伊拉克的飞机中,视距内空战所占比例高达36%[2]。视距内空战也可称作近距空战,敌我双方战机在中空、低速条件下,依靠近距格斗决定胜负。近距空战的范围大致在5千米内,近距格斗空战模式使得战斗机谋求低速条件下迅速瞄准敌机的能力,因此,超机动能力和敏捷性就成为制胜的关键。

现代近距空战中可离轴发射全方位攻击格斗导弹的使用,使现代战斗机具有了指向即发射(point and shoot)的能力,即战机快速改变机动状态、快速指向目标的能力。近距空战中,机头快速指向是战机占据主动地位的重要手段,它要求战机具有高瞬时机动能力,即能够在飞行时快速转动自身平面,将瞄准轴线指向敌机,从而优先发射导弹,先敌开火。这种需求只有在低速大迎角条件下进行的机动才可以满足,称之为大迎角过失速机动能力[3]。

因而可以说,大迎角过失速机动是近距空战提高敏捷性的主要关键技术。

1.1.1 过失速机动的定义

飞机在低速大迎角下的机动飞行称为过失速机动。传统观念认为"速度是飞行员的生命",在大迎角下,飞机阻力急剧上升、速度迅速下降,瞬时损失了升力,平尾、副翼和方向舵等操纵面失去了气动控制效能,飞机将迅速进入失速和尾旋。已经有很多次的战斗机表演、空中训练的飞行事故等都是由于进入临界迎角范围,引起飞机失速和进入尾旋造成了机毁人亡的例子。

常规机动一般都是在平衡迎角附近进行,迎角通常不超过 10°。飞行中严格限制迎角进入失速迎角区域。如图 1.1 所示为常规迎角、限制迎角和失速迎角与升力系数的关系。

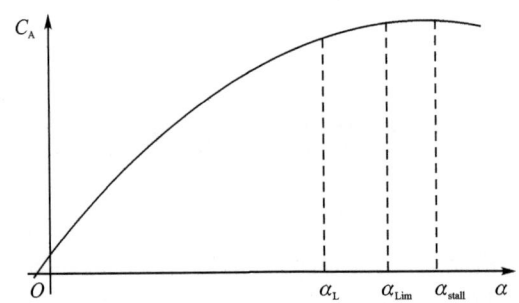

图 1.1　常规迎角、限制迎角和失速迎角与升力系数关系曲线

图中,α_L、α_{Lim} 和 α_{stall} 依此为常规迎角、限制迎角和失速迎角。可以看出,在常规机动中,常规飞行的迎角在一定程度上小于限制迎角,更小于失速迎角。迎角在常规迎角范围内,升力系数呈现线性特性,且随着迎角增加,升力系数增加,因而可以依据迎角变化操纵飞机的升降。当迎角超过限制迎角时,升力会转为下降趋势,而过失速迎角大大超过了失速迎角,在进入这一范围后,升力会急剧下降,阻力会急剧上升,飞机进入失速区域。当飞机在大迎角区域飞行时,必须依赖飞行控制系统补充升力,因此飞行控制系统变得极为重要。

某型机在不同舵偏角下升力系数和阻力系数随迎角变化的实测结果如图 1.2 和 1.3 所示。

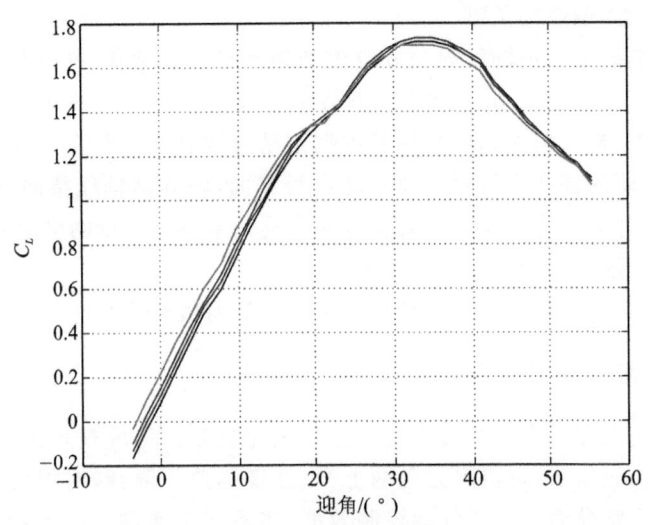

图 1.2　升力系数随迎角变化

可以看出,当迎角超过 20°时,升力系数呈现非线性;当迎角超过 30°时,升力系

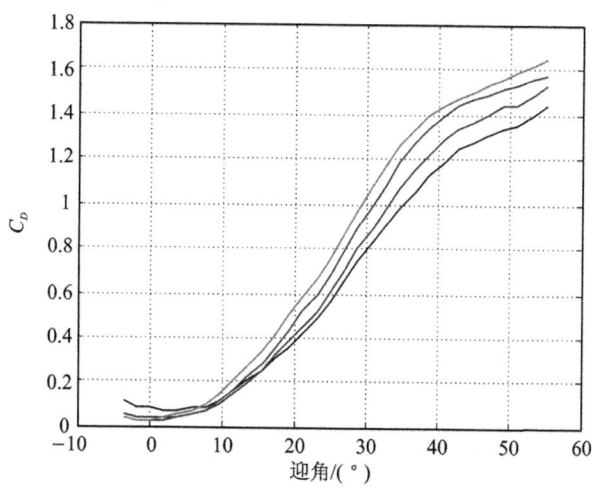

图 1.3 阻力系数随迎角变化

数急剧下降;而阻力系数在迎角超过 10°时即急剧增加。另一方面,在大迎角下,操纵面控制效益也会急剧下降,例如升降舵俯仰控制效益会随迎角变化,如图 1.4 所示。

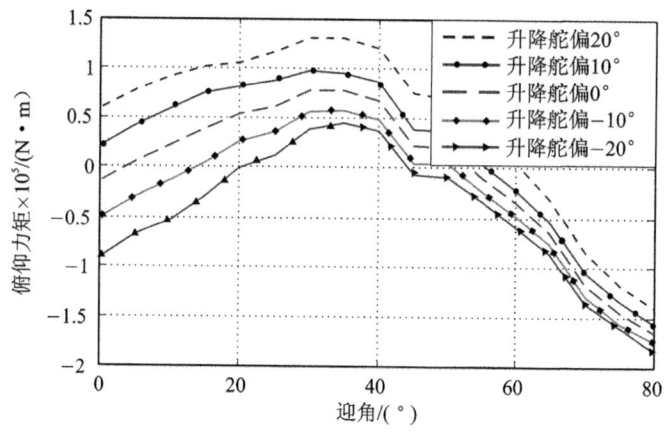

图 1.4 大迎角下升降舵俯仰控制效能降低

由图可见,在 30°以下的小迎角飞行状态中,升降舵产生的俯仰力矩随迎角增加而增加,升降舵可以有效控制俯姿态。当迎角上升到 40°甚至更高时,不同舵面偏转角所产生的俯仰力矩逐渐降低,说明随着迎角的增大,升降舵的俯仰控制效益逐渐下降。

依据飞行动力学,当超过临界迎角时,随着迎角增加,升力和俯仰力矩都会大幅度下降,操纵效益减小,而阻力急剧增加。出于对这些因素的考虑,常规飞行中最小飞行速度和最大迎角成为保护飞行安全的关键技术指标,因此飞机的巡航飞行和战斗机空战中都需要对它们严加控制,以防止机毁人亡的飞行事故发生。但对速度和迎角的严格限制同时也限制了飞机的机动能力,若仅以小迎角飞行,则战斗机的抬头、转弯等机动能力受到限制,在空战中就会失去优势。

综上所述,如图1.1所示,超过失速迎角的范围一般称作过失速范围,超过这个范围的机动称为过失速机动。

过失速机动就是指飞行中扩大可用迎角范围,在保障飞机不失速的前提下完成一系列机动动作,以获得更高的敏捷性和超机动能力。

1.1.2 过失速机动的优势

过失速机动为战斗机在低速大迎角条件下的机动,通常为迎角远大于失速迎角情况下的可控战术机动动作。相比常规机动,拥有过失速机动能力的战斗机在低速大迎角状态下仍具备可控的加速度及姿态改变能力,可以快速改变机头指向,配合可离轴发射的近距空空格斗导弹,能够在更大范围内快速建立发射位置,实现先敌开火、以一敌多[4]。此外,具有过失速机动能力的战机还能够以更小半径迅速改变飞行方向,具备急剧改变飞行轨迹的能力,在1对1缠斗中更容易从防守态势转换为进攻态势。从作战效益上看,研发具有过失速机动能力的先进战斗机是空中力量发展的必然趋势。

同常规战机相比,拥有过失速机动能力的战机,在近距空战中优势明显。1993—1994年期间,美国航空航天局德雷顿飞行研究中心利用X-31A与F/A-18进行了1对1近距空中格斗模拟试验。若限制X-31A为常规攻击模式,不使用推力矢量且迎角限制在30°以内,则F/A-18在16次交战中,取胜12次,X-31A对F/A-18的交换比为3∶1;如X-31A使用过失速机动能力,则X-31A获得64次交战中的62次胜利,交换比变为1∶32。美军采用EFM-AASPEM空对空系统评估模型也进行了近距格斗过失速机动的空战效能评估和飞行试验,敌我双方使用航炮及AIM-9L型近距导弹作为近战格斗武器,交战双方依旧为X-31A与F/A-18,EFM-AASPEM的评估和飞行试验结果见表1.1。

表1.1 EFM-AASPEM评估与飞行试验结果

%

	平局	蓝机胜	红机胜
飞行试验	6	91	3
EFM-AASPEM	12	82	6

注:蓝机:代表X-31型飞机,具有过失速机动能力;
红机:代表F/A-18型飞机,基准型飞机。

从表1.1所列的结果可以直观地看出,具有过失速机动能力的战机,在近距格斗空战中占有绝对的优势。

作为一种新型战斗机的近距格斗能力,过失速机动具有广阔的发展前景。显然,要实现过失速机动,仅靠现有的操纵面系统是无法实现的,需要依赖推力矢量技术,在大迎角下提供附加的升力和控制力矩。

1.2 关于推力矢量技术

先进国家在发展新一代战斗机中,无一例外地采用了推力矢量技术。

1.2.1 采用推力矢量的效益

在大迎角条件下完成过失速机动,推力矢量是不可或缺的。推力矢量有效地增强了战机过失速机动能力,使得空战效能大大提升,这引起了世界各国的关注[5]。推力矢量发动机不仅能够为飞行器提供前向推力,还能通过喷管或尾喷流偏转在飞行器俯仰、偏航、滚转甚至反推力方向进行操纵控制。推力矢量不仅能够在常规飞行中代替气动舵面完成飞行任务,而且可以利用发动机喷流偏转产生的多余控制力矩,实现过失速机动任务中的姿态和轨迹控制。

推力矢量最为突出的特点是其控制力矩与发动机偏转相关,且基本不受飞机本身姿态变化的影响。在进行近距空战时,战斗机需要拥有大迎角飞行及过失速机动的能力,以便获得最高的作战效率[6]。然而对于常规气动布局的飞机来说,在低速大迎角下,其气动舵面效能变低甚至失效[7],如图1.4所示。低速大迎角下气动舵面力矩控制效益的下降,促使人们开始考虑利用推力矢量控制来代替传统气动操纵面。研究发现,使用推力矢量后,战斗机有效地提升了低速大迎角下的俯仰、滚转等机动的控制效益。图1.5给出了推力矢量产生的俯仰力矩随迎角及推力矢量垂向偏转角的变化情况,其表明在大迎角条件下,推力矢量的姿态控制效益几乎不受影响,可以作为常规气动舵面在低速大迎角飞行状态时的有效替代。

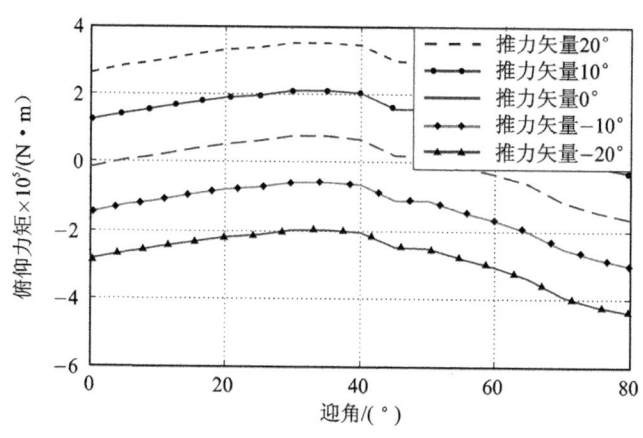

图1.5 大迎角下推力矢量仍具有控制效能

综合试验结果,推力矢量具有以下的特点:
1. 突破失速障碍,实现大迎角过失速机动
在大迎角下,常规气动舵面如升降舵、副翼和方向舵等已经基本失去控制效能,而采用推力矢量可以提供所需要的升力和俯仰、偏航控制力矩,保证任务指令的实现。在装配了推力矢量的基础上,许多具有实战意义的空战过失速机动任务被不断地开发出来。例如:Herbst、"榔头"、"眼镜蛇"、大迎角下滑倒转机动、尾冲、过失速筋斗、"猫鼬"等,这些超机动控制使得新型战斗机突破了失速障碍,提高了近距空战能力。

2. 增强敏捷性和机动性,提高作战效能

敏捷性定义为"在目标截获和消灭中,时间延迟最小"。在近距离空战中,敏捷性表现为速度矢量、机头指向的突然改变。利用推力矢量,战斗机能够在低速大迎角条件下实现绕速度矢量的滚转机动,能够迅速完成减速、转向及目标指向;增强了其突防能力和生存率,提高了作战方式的灵活性,有效提升了现代战机的作战效能。

推力矢量使战斗机可控迎角飞行范围扩大,机头指向能力加强,提高了武器的使用机会。操纵力的提升可以使得战机以较高的俯仰速率快速控制大迎角,使机头能精确截获目标位置,且尽可能保证停留时间,维持及调整目标指向,快速锁定和开火。完成给定过失速机动任务后,快速推杆复位,离开危险区域。

同时,推力矢量还可以提高空对地的攻击性能,命中率有所提高,投弹后规避动作也更敏捷。推力矢量还可起到"安全保护"的作用,防止大俯冲拉起时进入失速、尾旋的可能性。

3. 减小起飞、着陆距离,改善起落特性

现代战争需要能够在短距或者受到破坏的跑道上起飞和着陆。飞行实验表明,利用推力矢量辅助起飞,F-15S/MTD 比常规飞机起飞滑跑距离缩短 38%;利用推力反向和防滑机动,F-15S/MTD 比常规飞机的着陆距离缩短 63%;当前,美国的 F-35 也通过应用推力矢量实现了近距起降。

4. 改善隐身性能

矩形喷管的喷流红外信号比轴对称喷管弱得多,同时雷达波发射截面也有所减少,特别地,当使用了推力反向系统时,红外信号大大降低,提高了进攻和突防中的隐身能力。推力矢量代替垂直尾翼或者使垂尾面积大为减小,使战斗机隐身性能得到改善。

5. 改善升阻特性,增加续航能力

二维推力矢量喷管的超环量效应,使升力增加,诱导阻力降低,提高了续航能力。

1.2.2 推力矢量的研发历史

鉴于推力矢量技术在提高战机的机动性、隐身性和生存能力等方面的重要意义,为有效提高战机的作战效能,在研制新一代战斗机的过程中,世界各国无一例外地开始采用推力矢量技术。早在 1944 年,德国人 Von Wolff 就已经申请了推力矢量技术的专利。在第二次世界大战末期,德国的 V-2 火箭在尾喷流区装有石墨叶片,可折转喷气流,产生控制火箭轨迹的力矩。80 年代,空空导弹因为使用推力矢量技术使导弹的动力段机动性达到了很高水平,如前苏联的 P-33。在飞机方面,英国的"鹞"

式战斗机和前苏联的雅克-38都具有尾喷流变向能力,偏转角度95°,目的是获得垂直或短距起降能力。

为了正确评价推力矢量技术对提高飞机性能的价值,许多研究机构研制出了推力矢量技术验证机并进行了飞行试验。以美国建造或改装的推力矢量技术验证机为最多,包括F-14、F-18HARV、X-31、F-15S/MTD、F-15ACTIVE、F-16MATV等。俄罗斯将苏-27改进为用于空战的苏-35、苏-37以及用于对地攻击的苏-30。

在F-14、F-18HARV和X-31飞机上安装了外部推力矢量系统后,进行了全面的缩比模型试验、地面全尺寸热负载试验和飞行试验。F-18HARV和X-31分别在发动机尾喷管后安装了三块喷气流折流板。X-31飞机的三块推力矢量折流板大小相同,绕发动机尾喷口均匀排列;F-18HARV的三块折流板是一大两小,上部折流板较大,下部和外侧折流板较小。推力矢量折流板用耐高温合金材料制造,在无动作时远离发动机喷气流。折流板的最大动作速率是80(°)/s,在飞行实验中,利用软件限制在60(°)/s。F-18HARV的飞行实验没有测量单块折流板的控制效能,只测量了折流板组合的控制效能。在俯仰方向上,折流板组合每偏转1°,发动机喷气流偏转0.9°;在偏航方向上,折流板组合每偏转1°,发动机喷气流偏转0.6°。借助推力矢量,F-18HARV可在70°迎角做稳定飞行,在65°迎角做大速率滚转。X-31在采用推力矢量后,俯仰控制迎角可达到85°,可以做70°迎角稳定平飞,且可以在这个迎角下做最大压杆360°滚转机动。利用X-31与常规F/A-18进行的空战模拟表明:在使用推力矢量的情况下,X-31平均每损失1架,F/A-18损失9.6架。1994年3月17日,X-31进行了首次"无垂尾"飞行试验,实际上是在装有垂尾的飞机上设计一个特殊的"无垂尾"效应实验,利用软件控制其他舵面,使垂尾的空气动力作用减少约40%,方向操纵稳定性基本上靠推力矢量维持。试飞高度为11 600 m,飞行马赫数Ma为1.2,试飞两次,试飞员用发动机推力矢量技术成功地演示了飞行的稳定性和操纵性,结果表明,使用推力矢量代替垂尾是可行的。

F-15S/MTD是为第四代战斗机F-22验证使用推力矢量技术细节的验证机。F-15S/MTD使用了普惠公司的二维收敛/扩散反推力矢量喷管,并增加了鸭翼。飞行试验的主要科目是带推力矢量的短距起飞、着陆和空中机动。试验结果表明:飞机机动性能得到极大改善,起飞滑跑距离仅305 m;在迎角大于30°时,飞机的操纵性能比常规F-15提高110%,巡航距离增加13%。

F-16MATV是为了验证推力矢量的实际战术使用价值而用F-16VISTA改装的推力矢量技术验证机,其上安装了一台AVEN喷管的F110-GE-100发动机。F-16MATV飞行试验的任务是:澄清机动飞行包线,评定扩大机动飞行包线的潜在战术使用价值,评定MATV系统提供稳定性和控制力的能力,评定飞行品质和机动能力。飞行实验表明:使用推力矢量可把F-16的迎角包线从现在的30°扩大到83°,动态迎角可达135°。试飞鉴定结果为:推力矢量技术和过失速机动已经能够应用于未来战斗机,并可对 F-16 战斗机进行推力矢量技术改装。

F-15ACTIVE 采用的是普惠公司具有俯仰、偏航平衡梁矢量喷管(P/Y BBN)的两台 F100-PW-229 IPE 发动机,配备了四余度数字式飞行控制器、双通道喷管控制器、三通道飞行器管理系统计算机和进气道电子控制器。试飞结果表明:矢量喷管的效能受发动机推力状态和喷管偏转角的影响较大;发动机喷气流偏转角小于矢量喷管偏转角;矢量喷管的效能与矢量喷管偏转角成正比,与发动机推力状态成反比。

美军新一代先进战斗机 F-22 及 F-35 的推力矢量的使用,使其在大迎角状态下的机动性能尤为突出,其二维矢量喷管能够将其飞行迎角扩大到 60°,并能够在该迎角下,1 s 以内完成绕速度轴 30°的滚转机动。F-35B 战机可以利用推力矢量实现垂直起降功能,如图 1.6 和图 1.7 所示。

图 1.6　F-35B 垂直起降

图 1.7　F-35B 垂直起降推力矢量偏转

围绕推力矢量所开展的各种理论应用研究已经比较深入,推力矢量在飞行控制系统领域的功能应用被逐步开发出来,例如,Hiroyuki Takano 针对飞机刚体运动模型,尝试采用推力矢量进行纵向过失速机动的性能优化[8];在 Özgür Atesoglu 的研究论文中,也同样证明了推力矢量用于提高过失速机动能力的可行性,并且给出了利用反馈线性化实现 Herbst 机动动作的设计方案[9];Hammett K. D. 等在参考文献[10]中给出了推力矢量用于改善大迎角条件下飞机短周期运动飞行品质的研究。除了提升战斗机在大迎角飞行时的机动性能,推力矢量还可被用来替代常规失效气动舵面,实现飞行容错控制。如 Lu Bei 等使用推力矢量实现了 F-16 战斗机升降舵卡死及损伤时的容错控制设计[11];相似的,Zhang Youmin 和 Wang Huidong 也提出基于推力矢量的舵面失效重构控制方案[12]。

推力矢量技术已经成为现代战斗机的空战能力的基本标志。

1.3　大迎角过失速机动的发展历史与现状

随着先进战机作战能力的不断提升,空中力量在未来战争中占有更为重要的地位[13]。空战模式的发展推动着战斗机飞行技术的发展,战斗机的设计也是针对现代空战条件下夺取空战优势而进行的[14],其特点与战斗机所处的空战环境及采用的作战方式密切相关。作为未来空战的核心竞争点之一,过失速机动开辟了现代近距空战新的研究领域,已经成为各国军事领域研究的热点。

20世纪80年代初,Herbst博士首先提出超机动的概念,对推力矢量的定义、用途、分类等进行了研究,并分析了过失速机动能力获得的条件及其空战效能。随后,美、俄两国使用高推重比发动机及推力矢量控制技术,与先进的气动外形设计相结合,提升了战斗机低速大迎角飞行时的可操控性,使过失速机动成为现实。美军研发出X-31A验证机用于过失速机动验证,实现了70°迎角可控飞行及在该迎角条件下的绕速度轴滚转,同时还完成了大迎角机头转向、J转弯机动、榔头机动和大迎角下滑倒转机动等特殊战术飞行动作。在1996年巴黎航展上,俄罗斯的苏-37战斗机更是成功完成了可控的"眼镜蛇"机动、极小半径的"库尔彼特"斤斗以及"钟"机动等过失速机动动作[15]。

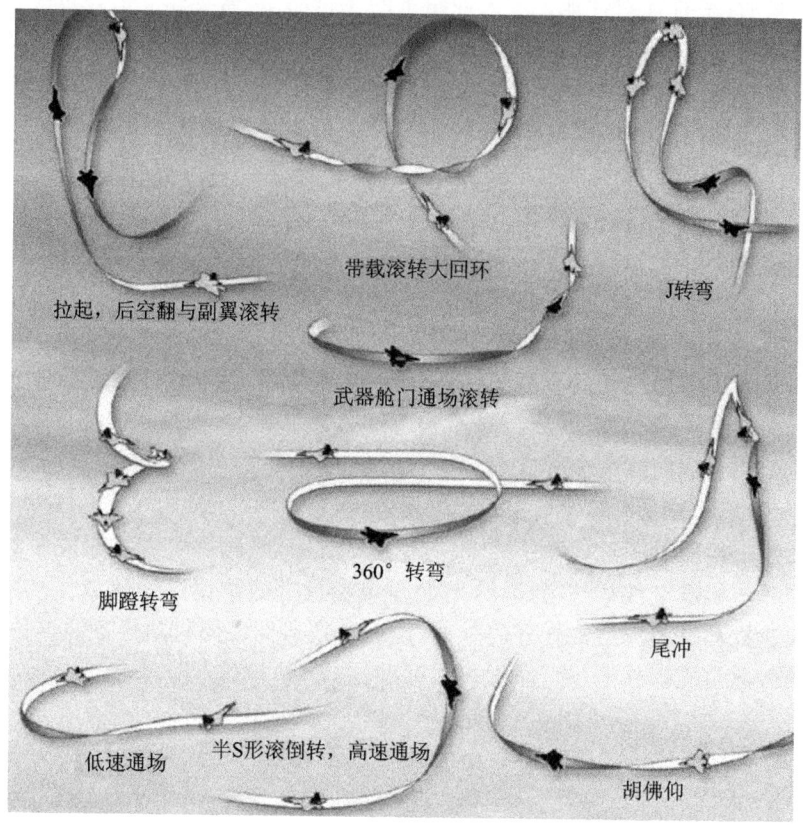

图1.8 F-22部分超机动动作示例

以F-22、F-35为代表的美国第五代战斗机强调超机动空战性能,过失速机动能力是其超机动性能中的重要项目。在实战中F-22已经拥有60°以上的大迎角飞行能力。当前俄罗斯第五代战斗机 T-50 的设计也更加突出了对超机动性能的重视,甚至要求飞机拥有 90°迎角条件下的较好的稳定性和操纵性。我国的最新战机歼-20 采用了飞推合一的控制系统,更好地结合矢量推力效能,全面提升战机的过失速机动能力。

1.4 实现过失速机动的关键与难点

过失速机动对于战斗机气动建模、控制设计等技术层面来说都是极大的挑战,同时也对战机大迎角飞行条件下的试验方法和评估手段提出了新的要求。首先,过失速机动时,飞机应具有足够的操纵效能,能在机动过程中保持对俯仰、偏航和滚转的操纵效率,为此需要具备推力矢量技术。其次,要建立足够精确的飞机模型来保证控制律设计的有效性,需要深入研究大迎角非定常气动建模方法,并给出相应的参数辨识方案。最后,要有针对性地评估大迎角下的飞行品质,需要建立适合过失速机动任务特性的评价体系,同时给出客观实用的评估量化标准。这些技术的研究是过失速机动能力提升的关键。

战斗机大迎角飞行非线性建模、控制与评估研究主要涉及如下关键技术:

1. 大迎角下非定常气动建模技术

精确建模是实现过失速机动有效控制的基础,大迎角飞行时对应的飞机建模所要面对的主要难题即为非定常气动模型搭建。在进行非定常气动建模时,又通常需要选择适当的模型框架和参数辨识方法。

2. 大迎角过失速机动控制技术

大迎角下过失速机动具有极强的非线性特点,需采用非线性控制技术。由于先进战斗机在配置多操纵面的同时,普遍采用推力矢量技术,所以在实现过失速机动控制时还应采用合理的控制分配方案。

3. 大迎角过失速机动评估技术

敏捷性是检验过失速机动能力的一项重要指标,因此需要着重研究与过失速机动相关的战斗机敏捷性评估指标,给出大迎角飞行时的敏捷性评估量化准则;此外,由于过失速机动是面向空战任务需求的,因此需要研究面向机动任务的评估技术,给出相应的大迎角机动任务飞行品质评估标准。

第 2 章 大迎角飞行状态气动建模

飞机大迎角飞行状态下的气动建模的首要问题是需要考虑大迎角下的非定常气流特性。

2.1 大迎角飞行中的非定常气流特性

在传统的风洞环境下,仅进行小幅值振荡测试,获得的是传统的气动导数,如气动力和力矩参数仅同飞机的瞬态状态量有关,其不能够反映飞机运动的历程对气动特性的影响。当飞机处于大迎角范围进行机动时,机翼上表面涡流会出现分离、破裂等复杂流动特性,导致出现迟滞效应等非定常气动特性,这与传统气动导数模型给出的描述有很大的差距。

图 2.1~图 2.3 给出了飞机翼面在大迎角运动时涡流分离、附着和破裂过程。大迎角机动过程的开始阶段,气流流经翼面前缘分离,其后附着于翼面;气流虽然还没有开始分离,但可以看到明显的气动涡流在翼面尾部生成。短时间后,出现大范围分离区域,随后气流继续分离直至破裂。

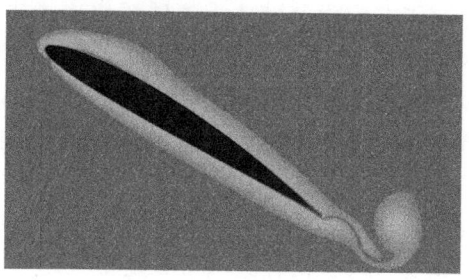

图 2.1 气流涡出现

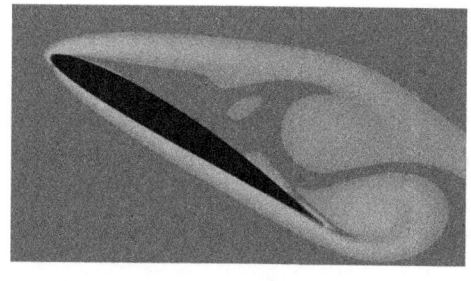

图 2.2 气流大范围分离

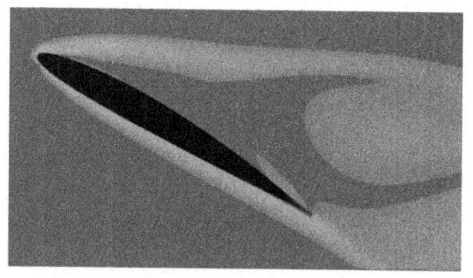

图 2.3 继续分离直至气流涡破裂

传统的气动导数模型无法正确表征大迎角条件下气动迟滞环现象。尽管早在1950年这一非定常气动现象已被发现，但对于低频率、低幅值和小迎角飞行条件下的传统飞机来说，没有得到进一步的研究。然而，随着大迎角高机动性能战机的出现，传统的气动导数模型完全失效，因而建立和完善非定常、非线性的气动模型对于最大化空战性能及防止控制失效尤为重要。

大迎角飞行时气动力及力矩呈现出的高度非线性、非定常特性，严重影响了飞机的稳定性和可控性，解决这一问题的关键之一是找到精确反映大迎角非定常气动特性的模型表述，并针对其特性进行控制。非定常气动建模研究已成为飞机大迎角控制律设计及稳定性分析所亟需解决的问题和研究热点[16-18]。

随着对非定常气动模型深入研究的开展，多种非定常气动力建模方法被相继提出并使用。1956年Etkin开始利用气动传函法搭建非定常气动模型。其后Greenwell提出了利用状态空间模型表征飞机在大迎角下的非定常气动特性[19]。状态空间模型引入了内部变量即气流分离点来描述气流分离、附着等气动迟滞现象，同时结合俯仰角速度和迎角变化率构造了具有延时环节的微分模型。状态空间方法表达形式相对简单，建模方便，物理意义明确，较为贴近地给出了涡流分离的动态特征，在一定范围内能够得到比较精确的建模结果。随后，改进的状态空间模型被Zakaria及Williams等人提出，用于表征二维翼型的升力滞后[20-21]。此外，Kumar和Chen Gang还分别采用不变状态模型及Volterra级数模型来探究非线性、非定常气动建模[22-23]。

神经网络的发展带来了非定常气动建模领域的快速进步[24]。由于神经网络具有很高的建模精度以及面向多变量输入通用性及扩展性，神经网络建模已成为非定常气动建模领域的重要方向。利用神经网络搭建的非定常气动模型，通常需要合理选取网络层数和初始权值，结合实验数据进行模型参数训练，最终获得最为近似的结果。近期已有如下相关研究：Kumar采用神经网络及高斯-牛顿方法来研究纵向气动建模[25]。王青和Ignatyev等人则分别采用支持向量机模型及前馈回归神经网络来进行非定常气动建模搭建[26-27]。同神经网络非定常气动建模相近，模糊逻辑原理也被应用到非定常气动建模领域当中。采用模糊逻辑原理进行建模，可以通过隶属函数的选取，进而改进建模精度。

在实际模型应用中，状态空间模型的精度受气流分离点模型的影响较大，且该模型常用的多项式框架与真实气动非线性映射特性相比存在较大误差，状态空间模型还有待进一步改进；模糊逻辑和神经网络为人工智能方法，其优点是无需搭非线性模型结构，利用学习方法直接训练得到气动模型。但其属于"黑箱"方法，没有表征出气动模型明确的物理意义，如模型结构选取不当，则会导致结构复杂化，且可能出现过拟合的建模结果。

2.2 大迎角非定常气流特性建模方法

传统气动导数的建模基本思路如下:假设气动载荷可描述为飞机一系列即时状态变量的函数,那么利用泰勒级数展开方法可将该函数方程展开为级数形式;保留级数一次项,忽略高阶项,就形成了简化的气动导数模型。气动导数模型中被保留的一次项部分对应的系数称为气动导数[28]。一般在某一高度和马赫数下,气动系数是迎角、侧滑角、角速度和舵面偏转角等飞机即时状态量的非线性函数,即

$$C_i = C_i(\alpha, \beta, p, q, r, \delta, Ma, \cdots) \tag{2.1}$$

气动系数依赖于迎角、侧滑角、旋转角速度、马赫数等。若该函数可以解析,则在飞行平衡状态附近可以进行泰勒展开,并保留一次项,忽略其他高阶项。以纵向气动系数为例,气动导数模型如下所示:

$$C_i = C_{i\alpha}\alpha + C_{i\beta}\beta + \frac{\bar{c}}{2V}(C_{iq}q + C_{i\dot{\alpha}}\dot{\alpha}) + C_{i\delta}\delta_e \tag{2.2}$$

式中,$C_{i\alpha}\alpha + C_{i\beta}\beta$ 用来描述在升降舵偏转角 $\delta_e = 0$ 时的静态气动导数,$C_{iq}q + C_{i\dot{\alpha}}\dot{\alpha}$ 反映纵向运动过程中的动态气动特性,$C_{i\delta}\delta_e$ 为升降舵偏转对气动系数的线性影响。横侧向的角速度值 p、r 及舵面偏转 δ_a、δ_r 对纵向气动系数的影响与其他状态参量相比要小得多,因此在纵向气动导数建模中,可以近似忽略 p、r、δ_a、δ_r 的影响;同样对于横侧向的气动导数建模,也可以将纵向角速度值 q、$\dot{\alpha}$ 及升降舵偏转 δ_e 的影响近似忽略。

2.2.1 大迎角下的气动导数模型

传统的气动导数模型能较为精确地反映小迎角运动下的气动特性,但在大迎角机动时,飞机运动将产生明显的气动超调量,其气动时间滞后效应不可忽略,此时气动导数模型会完全失效。如图 2.4 反映了俯仰振荡中气动导数模型的输出与风洞试验结果的显著差异。

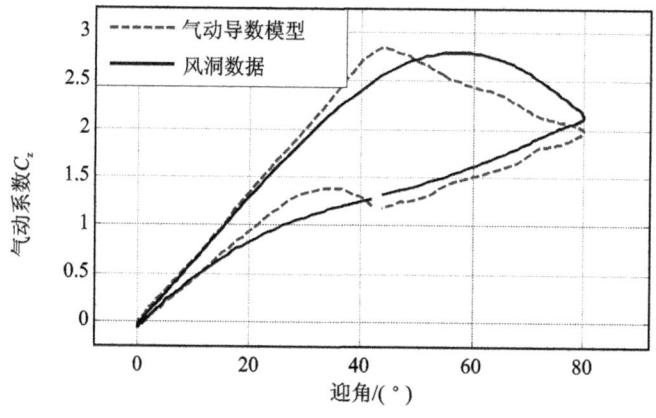

图 2.4 气动导数模型给出的气动系数 C_z

2.2.2 非定常气动状态空间模型

大迎角飞行过程中,气动力呈现高度非线性、非定常特性,出现气动迟滞现象。此时气动系数不再仅仅为迎角、侧滑角、角速度等飞行即时状态量的函数,其还与飞机运动的时间历程相关,传统的气动导数模型不再适用,大迎角非定常气动建模研究成为现代飞行力学研究中最具挑战性的研究方向。

非定常气动建模的关键之一在于研究其运动机理[29]。机翼后缘的非定常气流分离是导致气动时滞的原因[31-32]。在机动过程中,机翼上的气流先分离再重新附着。当涡流脱离机体表面后,流场调整过程滞后,导致了明显的时滞特性,对应产生非定常气动迟滞环现象。Goman 和 Khrabrov 的状态空间法可以很好地表征时滞特性,反映出机翼上气流分离和附着的物理机制,且模型简单可靠[30],为大迎角非定常气动建模提供了有益的启示。

状态空间模型针对大迎角过失速机动非定常特性,在常规气动导数模型的基础上,引入内部状态变量。对于纵向非定常气动建模,该内部变量被称作气流分离点 x,且有

$$x = \bar{x}/c \tag{2.3}$$

式中,$\bar{x}$ 为上翼面气流分离点的位置,c 为翼型的弦长,x 的取值范围为[0,1]。静态时气流分离位置 x_0 主要由迎角来确定,其关系可以表示为下式所示的函数形式,迎角越大,分离点越靠前:

$$x_0(\alpha) = \frac{1}{1 + e^{\sigma(\alpha - \alpha^*)}} \tag{2.4}$$

式中,α^* 为对应分离点位置达到翼型弦线中点的迎角,其可以使气流动态分离曲线左右移动;σ 为斜率因子。x 的计算公式如下:

$$\tau_1 \frac{\mathrm{d}x}{\mathrm{d}t} + x = x_0(\alpha - \tau_2 \dot{\alpha}) \tag{2.5}$$

非定常气流调节过程中的时滞由两部分导致[32]。第一部分为准稳定效应,例如环流和边界层对流滞后导致的延迟气流分离及突变,该部分时滞一定程度上同俯仰速率成比例。其综合效应表达为 $x_0(\alpha - \tau_2 \dot{\alpha})$,$\tau_2$ 为反映上述效应的整体时延。第二部分为瞬态气动效应,分离气流产生的扰动均通过一个动态过程回归至稳定状态,该调节过程用一阶微分方程来表示,弛豫时间常量为 τ_1。

图 2.5 中的实线和虚线分别表示定常分离和非定常分离条件下气流分离点的位置变化,两者之间的差异即为气动滞后现象。

状态方程确定以后,还需要建立气动模型的输出方程。对于大迎角非定常气流运动,气动力及力矩是飞行状态相关变量的函数,状态空间模型的输出不仅取决于飞机各状态量的瞬时值,还与其运动历程相关。以纵向运动非定常气动力建模为例,当飞机仅做俯仰运动时,有 $q \approx \dot{\alpha}$,此时飞机的气动力与力矩系数可表示为迎角、俯仰角速度、升降舵偏转角及状态变量 x 的函数。例如对机体轴 OX_B 的气动系数 C_X 可写

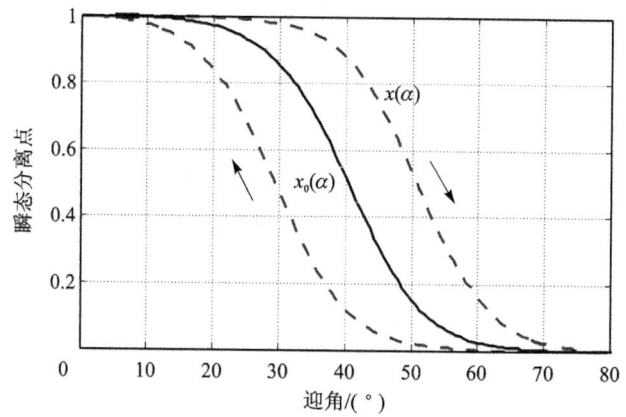

图 2.5 气流分离点运动曲线

成如下形式：

$$C_X = C_{Xs}(\alpha,\beta) + C_{Xd}(\alpha,q,x) + C_{X\delta}(\alpha,\beta,\delta_e) \quad (2.6)$$

式中，C_{Xs} 为静态气动系数，其为迎角、侧滑角的函数；C_{Xd} 为动态气动系数；$C_{X\delta}$ 为升降舵偏转对气动系数的影响。

由舵面偏转引起的气动系数通常可用差值模型比较简单精确地表示，因此本书在进行气动系数建模时，主要解决气动力和力矩的静态系数建模和动态系数建模问题。不作特殊说明时，使用的气动系数和力矩系数均为对应舵面偏角为零时的数据，对于气动系数 C_X，有

$$C_X = C_{X(\delta=0)} = C_{Xs}(\alpha,\beta) + C_{Xd}(\alpha,q,x) \quad (2.7)$$

式中，C_{Xs} 通常取其泰勒级数展开的前 6 项来近似表示；C_{Xd} 取其泰勒级数展开的前 5 项来近似表示：

$$\left.\begin{array}{l} C_{Xs} = C_{Xs0} + C_{Xs\alpha}(x_0)\alpha + C_{Xs\alpha^2}(x_0)\alpha^2 + \\ \qquad C_{Xs\beta}(x_0)\beta + C_{Xs\beta^2}(x_0)\beta^2 + C_{Xs\alpha\beta}(x_0)\alpha\beta \\ C_{Xd} = C_{X\alpha}(x)\alpha + C_{Xq}(x)\dfrac{q\bar{c}}{2V} + C_{X\alpha^2}(x)\alpha^2 + \\ \qquad C_{Xq^2}(x)\dfrac{q^2\bar{c}}{2V} + C_{X\alpha q}(x)\alpha\dfrac{q\bar{c}}{2V} \end{array}\right\} \quad (2.8)$$

式中，静态及动态气动系数中所有展开项的系数均采用二次多项式模型来近似表示，例如 $C_{Xs\alpha}$ 及 $C_{X\alpha}$ 可用下式表示：

$$\left.\begin{array}{l} C_{Xs\alpha}(x_0) = k_{Xs\alpha 0} + k_{Xs\alpha 1}x_0 + k_{Xs\alpha 2}x_0^2 \\ C_{X\alpha}(x) = k_{X\alpha 0} + k_{X\alpha 1}x + k_{X\alpha 2}x^2 \end{array}\right\} \quad (2.9)$$

式中，$k_{Xs\alpha 0}$、$k_{Xs\alpha 1}$、$k_{Xs\alpha 2}$ 和 $k_{X\alpha 0}$、$k_{X\alpha 1}$、$k_{X\alpha 2}$ 为二次多项式模型中的未知参数，对于机体轴 OX_B 的气动力系数 C_X，包括气动分离点模型中 4 个参数 σ、α^*、τ_1、τ_2 在内，总共

有 35 个未知参数,需要采用参数辨识的方法得到非定常气动状态空间模型的参数值,使状态空间模型的输出尽可能接近飞机真实运动情况。本书中在进行状态空间模型参数辨识时所采用的优化方法为综合单纯型法(N-M 法)和粒子群优化算法(PSO)的组合优化方法。在实际操作中,先使用 PSO 进行全局搜索,筛选出能够使状态空间模型响应同风洞试验数据间误差满足指定范围的若干优化点,再将这些优化点作为初值,分别利用 N-M 法进行局部精确优化,最终选出与风洞试验数据间误差最小的模型参数数值。

2.2.3 参数辨识使用的优化算法

1. 单纯型法

单纯型法为求解多变量函数局部极值的一种优化算法,由 Nelder 和 Mead 提出,又叫 N-M 法。其基本思想为,先构造由 $n+1$ 个顶点构成的单纯型,之后利用反射、扩展、压缩及收缩等方法来不断更新函数的极值搜索区域,直到给定单纯型的半径足够小,极值满足给定终止条件为止[33]。下文借用二维函数优化来介绍单纯型法的优化过程,多维的情形可利用该思路进行直接扩展。

二维变量对应的单纯型即为常见的平面三角形,首先初始化该三角形的 3 个顶点。假设优化函数为 $f(x,y)$,优化目标为求取其最小值。设三角形的 3 个顶点分别为 $V_k=(x_k,y_k)$, $k=1,2,3$。该 3 点按照函数值大小依次从小到大重新排列,保证满足

$$f(x_1) < f(x_2) < f(x_3) \tag{2.10}$$

定义最好点 B,次好点 G 以及最差点 W:

$$\left.\begin{array}{l} B=(x_1,y_1) \\ G=(x_2,y_2) \\ W=(x_3,y_3) \end{array}\right\} \tag{2.11}$$

求取最好点 B 与次好点 G 的中点 M:

$$M = \frac{B+G}{2} = \left(\frac{x_1+x_2}{2}, \frac{y_1+y_2}{2}\right) \tag{2.12}$$

从 W 向 B 移动时函数值逐渐下降,同样从 W 向 G 移动时函数值也会逐渐下降。因此在 W 相对于镜面 B—G 的对立点,函数很可能取到更为优化的数值。利用镜面 B—G 的中点 M 来构造反射点 R,如图 2.6 所示。

点 R 的计算公式:

$$R = M + (M-W) = 2M - W \tag{2.13}$$

如果点 R 处的函数值比点 W 处要小,那么说明移动的方向正确,在移动方向更远处的点有可能比点 R 更优。将线段 MR 扩展到点 E,构成了新的三角形 BGE,如图 2.7 所示。如果 E 点相对 R 点更优,则选用 BGE 作为新的搜素区域。

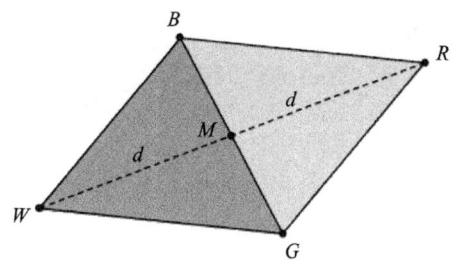

图 2.6　N‑M 法中的中点 M 及反射点 R

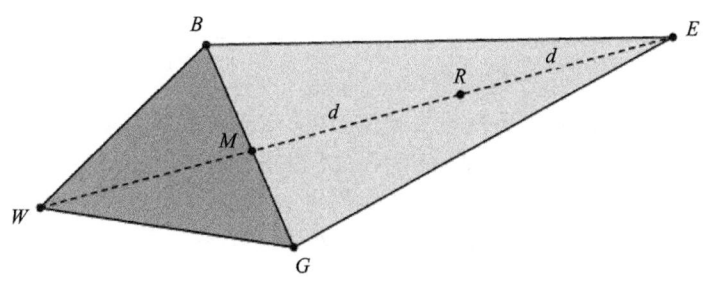

图 2.7　N‑M 法中的扩展点 E

如果点 R 和 W 数值相当,则考虑 WM 和 MR 的中点 C_1 和 C_2,如图 2.8 所示。其中更小的点称为压缩点 C,新的搜索区域则为 BGC。

如果压缩点 C 的函数值比 W 处还要大,那么将 G 和 W 向 B 点收缩,用新的点 M 和 S 来替换 G 和 W,如图 2.9 所示。

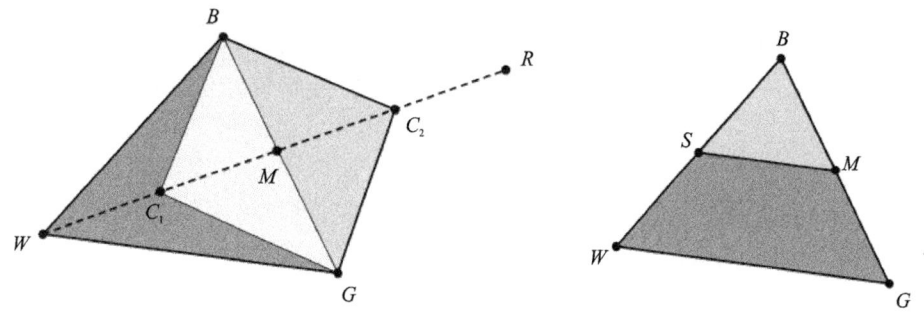

图 2.8　N‑M 法中的压缩点 C　　　　图 2.9　N‑M 法中 G 和 W 向 B 点处收缩

每次迭代过程中,找到替代点 W 的新的最差点,然后在新的搜索区域中进行比对和顶点更新,直到搜索区域满足给定的函数极值要求。N‑M 算法的详细迭代过程如表 2.1 所列。

表 2.1　Nelder–Mead 算法流程

| 如果 $f(R)<f(G)$，执行流程 1，进行反射或者扩展； |
| 如果 $f(R)\geqslant f(G)$，执行流程 2，进行压缩或者收缩 |

流程 1：	流程 2：
如果 $f(B)<f(R)$，则用 R 替换点 W；	如果 $f(R)<f(W)$，则用 R 替换点 W；
否则，计算 E 和 $f(E)$；	计算 $C=(W+M)/2$ 或者 $C=(M+R)/2$ 和 $f(C)$；
如果 $f(E)<f(B)$，则用 E 替换点 W；	如果 $f(C)<f(W)$，则用 C 替换点 W；
否则用 R 替换点 W。	否则计算 S 和 $f(S)$，用 S 替换点 W，用 M 替换点 G。
结束	结束

N–M 法由于未利用任何求导运算，算法简单，但收敛速度较慢，适合变量数不多的方程求极值。然而同极大似然法相似，其优化结果对初值选取的依赖程度较高，非常容易陷入局部最优。因此在使用 N–M 法进行本书中的非定常气动模型参数辨识时，将其与 PSO 方法相结合，利用 PSO 出色的全局优化能力，给定若干搜索范围，再利用 N–M 法进行参数的局部精确优化。

2. 粒子群优化算法

由鸟类群体觅食得到启发，Kennedy 和 Eberhart 于 1995 年提出粒子群优化算法——PSO，该方法为利用粒子群体迭代在解空间进行搜索的全局优化算法。其优点在于编程简便，收敛速度快，设置参数少，对优化函数可微、可导等特性要求不高等。

PSO 假设 D 维搜索空间上的一个点，称之为一个空间粒子，粒子有一个被目标函数决定的适应值。假设粒子群群体规模为 N，单个粒子 i 有如下属性：

粒子 i 的位置：$x_i=(x_{i1},x_{i2},\cdots,x_{iD})$，将 x_i 代入适应函数求适应值 $f(x_i)$；粒子 i 的速度：$v_i=(v_{i1},v_{i2},\cdots,v_{iD})$；粒子 i 个体经历过的最好位置：$\text{pbest}_i=(p_{i1},p_{i2},\cdots,p_{iD})$。

通常，限定位置变化范围在 $[X_{\min d},X_{\max d}]$ 内，速度变化范围限制在 $[-V_{\min d},V_{\max d}]$。即在迭代中若 x_{id},v_{id} 超出边界，则该维位置和速度被限制为边界值。

粒子 i 的第 d 维速度更新公式：

$$v_{id}^{k}=wv_{id}^{k-1}+c_1r_1(\text{pbest}_d-x_{id}^{k-1})+c_2r_2(\text{gbest}_d-x_{id}^{k-1}) \tag{2.14}$$

粒子 i 的第 d 维位置更新公式：

$$x_{id}^{k}=x_{id}^{k-1}+v_{id}^{k-1} \tag{2.15}$$

式(2.14)和(2.15)中：

x_{id}^{k} 为第 k 次迭代粒子 i 的位置矢量的第 d 维分量；

v_{id}^{k} 为第 k 次迭代粒子 i 的速度矢量的第 d 维分量；

c_1,c_2 为加速度常数，用于调节学习最大步长；

r_1,r_2 为两个随机值，取值范围为 $[0,1]$，以增加搜索随机性；

w 为惯性权重,用于调节对解空间的搜索范围;

pbset$_d$ 为个体历史最佳位置,gbset$_d$ 为群体历史最佳位置。

速度更新公式(2.14)包含三部分:粒子当前速度、粒子与自身最好位置距离的修正、粒子与群体最好位置间的修正,分别对应图 2.10 中粒子迭代过程中的速度影响、个体记忆影响和群体影响。粒子每次迭代过程中,均保有个体最优位置和群体最优位置的记忆,通过群体不断地学习和更新,使适应度不断优化。粒子群算法流程如图 2.11 所示。

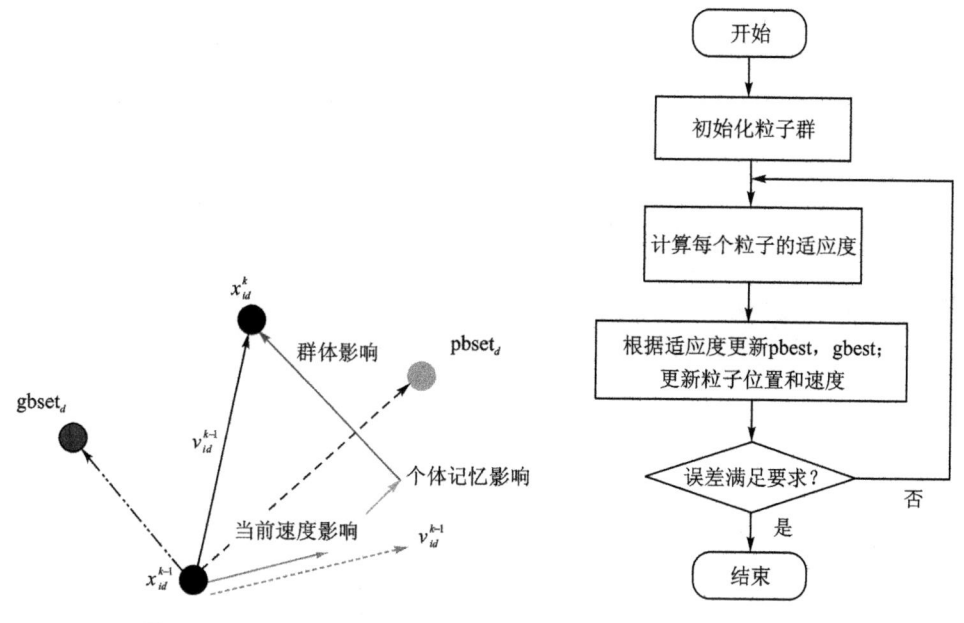

图 2.10 微粒迭代示意图　　　图 2.11 粒子群算法流程图

PSO 是一种群体智能优化方法,其具有较好的全局优化性能,但没有精密搜索方法的配合,PSO 算法常常得不到比较精确的结果。本书中气动参数的辨识方法是:将 PSO 方法与 N-M 方法相结合,利用 PSO 方法提供若干满足要求的初始点,再利用 N-M 法进行精密搜索。

2.2.4 基于状态空间与神经网络的混合模型

尽管针对非定常气动模型的研究已开展多年,且目前还没有通用的解决方案,但许多先前的试验与研究具有很好的启发性。例如状态空间法虽然没有较高的模型近似精度,但其可以有效表征时滞特性,很好地揭示了机翼气流分离和附着的真实物理机制。非定常气动神经网络模型一般有较好的模型近似精度,能够很简便地扩展到多自由度运动建模,但其没有对非定常时滞机理进行描述,因此网络映射结构没有反映气动机理。这里将状态空间法同神经网络法相结合,搭建一个兼具二者优势的非定常气动混合模型。

1. 反向传播神经网络

神经网络模型种类有很多,常见的主要有:BPNN、感知器、Hopfield 网络、自组织映射(SOM)等。反向传播神经网络 BPNN 是最为常用的神经网络模型,属于前馈型多层映射神经网络。BPNN 网络结构包括输入层、隐层和输出层,隐层和输出层中的节点被称为神经元。每个神经元从前一层的神经元处接收信号,然后利用特定的神经元传递函数输出给下一层神经元。BPNN 的网络结构如图 2.12 所示。

典型的神经元传递函数如图 2.13 所示,对于隐层中的每个节点,输入信号为 x_j ($j=1,2,\cdots,n$),将其与权重值 w_j 相乘后累加,然后再加上偏移量 s,即得到该神经元的中间值 net;输出值 g 采用常用的双曲正切函数作为非线性激励函数,如下式所示。输出层各节点的输出值计算方法同隐层中各节点相同。

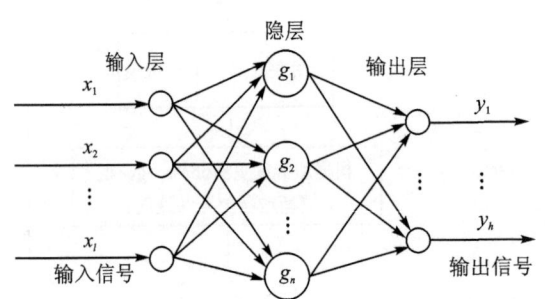

图 2.12 三层结构的神经网络

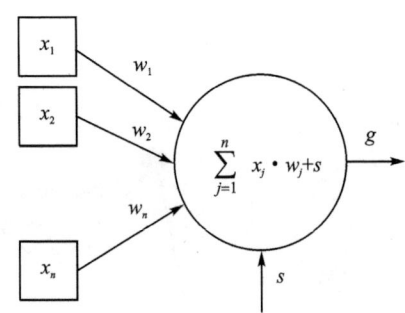

图 2.13 典型神经元传递模型

$$\left. \begin{array}{l} \text{net} = \sum_{j=1}^{n} x_j w_j + s \\ g = f(\text{net}) = \dfrac{2}{1+e^{-2\text{net}}} - 1 \end{array} \right\} \quad (2.16)$$

为使 BPNN 模型的输出 y_{Bj} 与真实响应 y_{Rj} 最为接近,输出误差 $e_j = y_{Bj} - y_{Rj}$ 被反向传播至输入层与隐层,使用梯度下降方法,更新权重系数与偏移系数。由于偏移系数相当于输入值恒等于 1 的权重系数,因此其学习算法参照权重系数更新公式。

输出层与隐层的连接权值 w_{j2} 的学习算法如下:

$$\left. \begin{array}{l} \Delta w_{j2} = \eta \cdot e(k) \cdot \dfrac{\partial y_n}{\partial w_{j2}} = \eta \cdot e(k) \cdot g_j \\ w_{j2}(k+1) = w_{j2}(k) + \Delta w_{j2} \end{array} \right\} \quad (2.17)$$

式中,η 为学习速率,取值 $\eta \in [0,1]$。

隐层与输入层的连接权值 w_{ij} 的学习算法如下:

第 2 章 大迎角飞行状态气动建模

$$\left.\begin{aligned}&\Delta w_{ij}=\eta \cdot e(k) \cdot \frac{\partial y_n}{\partial w_{ij}} \\ &\frac{\partial y_n}{\partial w_{ij}}=2 \cdot w_{j2} \cdot (1-g_j) \cdot x_i \\ &w_{ij}(k+1)=w_{ij}(k)+\Delta w_{ij}\end{aligned}\right\} \quad (2.18)$$

为避免权值学习过程中发生振荡、收敛速度慢,加入动量因子 $a, a \in [0,1]$。此时各连接权值的更新公式如下:

$$\left.\begin{aligned}&w_{j2}(k+1)=w_{j2}(k)+\Delta w_{j2}+a[w_{j2}(k)-w_{j2}(k-1)] \\ &w_{ij}(k+1)=w_{ij}(k)+\Delta w_{ij}+a[w_{ij}(k)-w_{ij}(k-1)]\end{aligned}\right\} \quad (2.19)$$

2. 非定常气动混合模型结构

为了获得机理明确、能够反映真实气动分离特性,同时又有足够模型近似精度的非定常气动模型,这里给出了基于状态空间方法和 BPNN 的非定常气动混合模型。由于状态空间模型中的气动分离点微分方程能够反映气流分离的时滞特性,该部分被保留在混合模型当中。同时,为了获取精度更高的非线性气动模型,引入 BPNN 模型来替换状态空间方法中原有的多项式模型。本书中的非定常气动混合模型将状态空间模型同 BPNN 模型结合在一起,综合了二者的优势。以机体 OX_B 轴的气动力系数 C_X 为例,其非定常气动混合模型结构如图 2.14 所示。

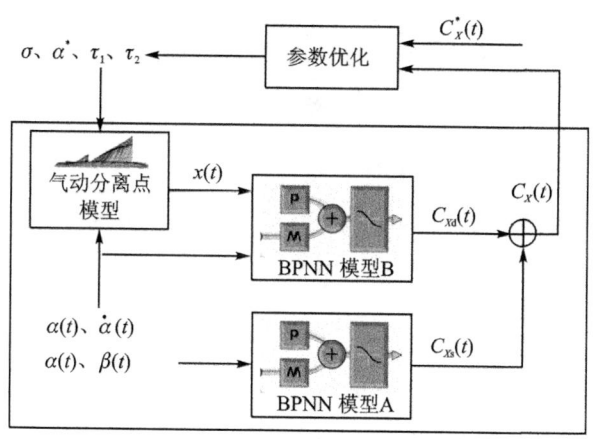

图 2.14 非定常气动混合模型结构

如图 2.14 所示,混合模型中,OX_B 轴的气动力系数按照静态气动系数 C_{Xs} 和动态气系数 C_{Xd} 分开表示。静态气动系数 C_{Xs} 为迎角 α 和侧滑角 β 的函数,可利用简单的 BPNN 模型 A 来描述静态气动系数输入与输出间的非线性映射关系。对于动态气动系数 C_{Xd},首先利用气动分离点模型计算出分离点 x,之后将其作为 BPNN 模型 B 的输入信号,同 α 和 $\dot{\alpha}$ 一同用来描述动态气动过程。动态气动系数 C_{Xd} 同静态系数 C_{Xs} 相叠加,共同构成总气动力系数 C_X。最后将 C_X 作为模型输出,同真实风洞试验数据值 C_X^* 作差,二者误差用于优化气动分离点模型中的 4 个参数 $\sigma、\alpha^*、\tau_1、\tau_2$。

由风洞试验数据结果分析可知,对于飞机纵向的气动力系数 C_X、C_Z 与俯仰力矩系数 C_{MY},其静态气动系数均可表示为迎角 α 和侧滑角 β 的函数,而动态气动系数与横侧向状态量 β、p、r 等关系不大,可以近似表示为 α、$\dot{\alpha}$ 以及纵向气动分离点 x 的函数。因此,纵向非定常气动混合模型的构造方法均参照 C_X 的模型架构,表达式为

$$\left.\begin{aligned} C_X &= C_{Xs}(\alpha,\beta) + C_{Xd}(\alpha,q,x) = C_{Xs}^{\text{BPNN\_A}} + C_{Xd}^{\text{BPNN\_B}} \\ C_Z &= C_{Zs}(\alpha,\beta) + C_{Zd}(\alpha,q,x) = C_{Zs}^{\text{BPNN\_A}} + C_{Zd}^{\text{BPNN\_B}} \\ C_{MY} &= C_{MYs}(\alpha,\beta) + C_{MYd}(\alpha,q,x) = C_{MYs}^{\text{BPNN\_A}} + C_{MYd}^{\text{BPNN\_B}} \end{aligned}\right\} \quad (2.20)$$

对于飞机横侧向气动力系数 C_Y、滚转力矩系数 C_{MX} 和偏航力矩系数 C_{MZ},其静态气动系数也表示为迎角 α 和侧滑角 β 的函数,而动态气动系数主要受横侧向状态量的影响,与纵向状态量 q 和 $\dot{\alpha}$ 关系不大。横侧向动态气动系数建模时,除考虑单自由度滚转或偏航所引起的影响外,还应当考虑飞机同时发生滚转和偏航运动时的耦合气动效应。

本书给出的横侧向气动力和力矩系数的非定常气动混合模型表述如下:

$$\left.\begin{aligned} C_Y &= C_{Ys}(\alpha,\beta) + C_{YdY}(\alpha,\beta,r,y) + C_{YdR}(\alpha,\beta,p,z) + C_{YdC}(\alpha,\beta,p,r) = \\ & \quad C_{Ys}^{\text{BPNN\_A}} + C_{YdY}^{\text{BPNN\_B}} + C_{YdR}^{\text{BPNN\_C}} + C_{YdC}^{\text{BPNN\_D}} \\ C_{MX} &= C_{MXs}(\alpha,\beta) + C_{MXdY}(\alpha,\beta,r,y) + C_{MXdR}(\alpha,\beta,p,z) + C_{MXdC}(\alpha,\beta,p,r) = \\ & \quad C_{MXs}^{\text{BPNN\_A}} + C_{MXdY}^{\text{BPNN\_B}} + C_{MXdR}^{\text{BPNN\_C}} + C_{MXdC}^{\text{BPNN\_D}} \\ C_{MZ} &= C_{MZs}(\alpha,\beta) + C_{MZdY}(\alpha,\beta,r,y) + C_{MZdR}(\alpha,\beta,p,z) + C_{MZdC}(\alpha,\beta,p,r) = \\ & \quad C_{MZs}^{\text{BPNN\_A}} + C_{MZdY}^{\text{BPNN\_B}} + C_{MZdR}^{\text{BPNN\_C}} + C_{MZdC}^{\text{BPNN\_D}} \end{aligned}\right\}$$

$$(2.21)$$

以滚转力矩系数 C_{MX} 为例,其构成包含静态气动系数 C_{MXs}、偏航运动引起的动态气动系数 C_{MXdY}、滚转运动引起的动态气动系数 C_{MXdR} 以及偏航滚转耦合运动所引起的耦合气动系数 C_{MXdC},这 4 项气动系数分别采用的 BPNN 模型 A~D 来近似表示。

偏航运动引起的动态气动系数 C_{MXdY} 为无滚转时的气动参数,其值为迎角 α、侧滑角 β、偏航角速度 r 及内部状态变量 y 的函数。该内部状态变量 y 为仿照纵向气动分离点模型所构造的气动滞后量,其计算公式如下:

$$\left.\begin{aligned} y_0(\beta) &= \frac{1}{1+\mathrm{e}^{\sigma_1 |\beta|}} \\ \tau_3 \frac{\mathrm{d}y}{\mathrm{d}t} + y &= y_0(\beta - \tau_4 \dot{\beta}) \end{aligned}\right\} \quad (2.22)$$

由于飞机纵向切面的左右对称性,侧向气动分离点取 1 时对应的侧滑角 β^* 应等于 0,因此计算公式中没有出现 β^*。其余参数定义同纵向气动分离模型相同,σ_1 为斜率因子,τ_3 和 τ_4 代表延时参数。

滚转运动引起的动态气动系数 C_{MXdR} 为无偏航时的气动参数,其值为迎角 α、侧

滑角 β、滚转角速度 p 及内部状态变量 z 的函数,该内部状态变量 z 为滚转时的气动滞后量,其计算公式如下:

$$\tau_5 \frac{\mathrm{d}z}{\mathrm{d}t} + z = p \tag{2.23}$$

飞机仅做滚转运动时,气动力和气动力矩与飞机先前滚过的角度大小关系不大,因此在构造滚转运动的气动滞后模型时,主要考虑由滚转角速度所引起的气动滞后,用一阶惯性环节来近似表示,时间常量为 τ_5。

3. 非定常气动混合模型的参数优化

飞机纵向非定常气动混合模型中,存在两组未知参数。一组为气动分离点模型中的 4 个参数 σ、α^*、τ_1、τ_2,其决定了气动分离动态特性;另外一组即为各 BPNN 模型中的权重系数及偏移系数,其决定了非定常气动力和力矩的非线性特性。所有参数均需要采用适当的辨识方法进行参数辨识,以获得与风洞数据最为接近的气动响应结果。

BPNN 模型 A 中的未知参数,采用梯度下降法进行优化。对于动态气动模型中的参数辨识,采用嵌套优化的辨识结构。气动分离点模型中的 4 个参数 σ、α^*、τ_1、τ_2 作为嵌套优化结构的外环,所使用的优化方法为前文所述的综合 N-M 法和 PSO 算法的组合优化算法。以 OX_B 轴的气动力系数 C_X 为例,飞机纵向非定常气动混合模型动态部分参数的嵌套优化结构如图 2.15 所示。

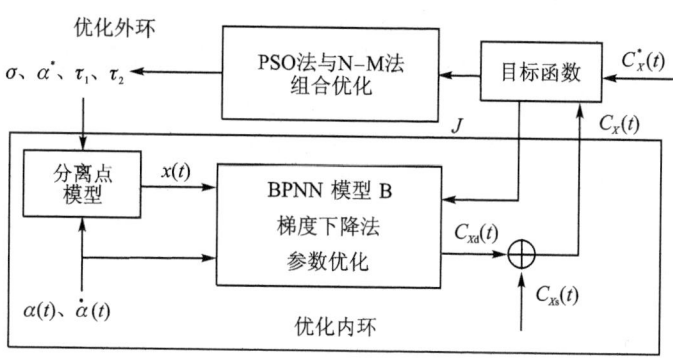

图 2.15 混合模型的嵌套优化结构

PSO 法和 N-M 法的组合优化算法实现流程如图 2.16 所示。先使用 PSO 进行全局搜索,筛选出能够使非定常气动混合模型响应与风洞试验数据间误差满足指定范围的若干优化点,再将这些优化点作为初值,分别利用 N-M 法进行局部精确优化,最终选出与风洞试验数据间误差最小的模型参数数值。BPNN 模型 B 中的权重系数和偏移系数,作为嵌套优化结构的内环,利用梯度下降法自行优化参数。

OX_B 轴的气动力系数 C_X 的优化目标函数 J 定义为非定常气动混合模型的输出与对应风洞试验数据的误差平方的平均值:

$$\min J = \sum_{j=1}^{N}(C_{Xj} - C_{Xj}^{*})^{2}/N \tag{2.24}$$

利用神经网络搭建非定常气动混合模型,需要确定各 BPNN 模型中隐层神经元的数量。神经元数量过多,该神经网络结构变得复杂,可能会对特定的输入数据产生过拟合。相对应的,神经元数量过少,则拟合精度会明显降低[34],可能得不到满意的模型精度。按照前文所述,非定常气动模型既要有较高的模型精度,又要求模型结构尽可能简洁明了,便于工程应用。因此本书在非定常气动混合模型的辨识过程中,对神经网络结构采用渐进简化的方法,力求兼顾上述两个建模要求。具体实现方式如下:

在混合气动模型辨识开始阶段,选取足够多数量的神经元,优先保证模型的近似精度;当外环参数 σ、α^{*}、τ_1、τ_2 确定后,逐一减少 BPNN 模型 B 中隐层神经元的数量,在优化目标 J 不超出预先给定数值的前提下,选

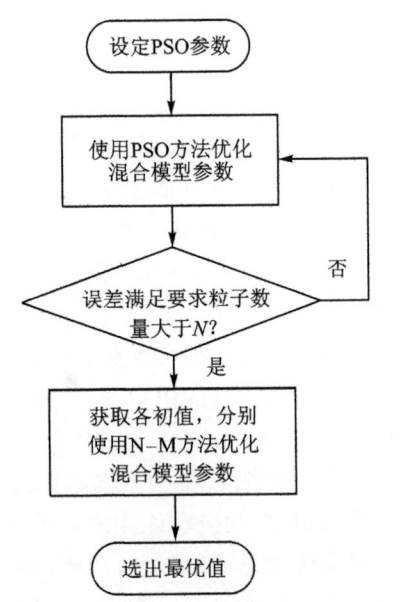

图 2.16 组合优化算法实现流程

取隐层神经元最少的 BPNN 模型,这样得到的非定常气动混合模型既保证了模型精度,同时结构也更为简化。

飞机横侧向非定常气动混合模型中,同样存在两组未知参量。其中一组为气动分离点模型中的参数 σ_1、τ_3、τ_4、τ_5,其决定了气动分离动态特性;另外一组即为各 BPNN 模型中的权重系数及偏移系数。仿照飞机纵向非定常气动混合模型的参数辨识方案,以滚转力矩系数 C_{MX} 为例进行横侧向的气动力和力矩系数的辨识流程说明:

- 静态气动系数 C_{MXs},用 BPNN 模型 A 来近似,采用梯度下降法进行参数优化。
- 偏航运动引起的动态气动系数 C_{MXdY},用侧向气动分离点模型结合 BPNN 模型 B 来近似。在获得 BPNN 模型 A 的基础上,利用单自由度偏航振荡风洞数据进行参数辨识,参数辨识过程采用同纵向动态气动系数相同的嵌套优化结构。
- 滚转运动引起的动态气动系数 C_{MXdR},用滚转时的气动滞后模型结合 BPNN 模型 C 来近似。在获得 BPNN 模型 A 的基础上,利用单自由度滚转振荡风洞数据进行参数辨识,参数优化过程采用嵌套优化结构。
- 偏航滚转耦合运动所引起的耦合气动系数 C_{MXdC},用 BPNN 模型 D 来近似表示。在获得 BPNN 模型 A、B、C 的基础上,采用双自由度偏航滚转耦合振荡风洞数据进行参数辨识,参数优化方法为梯度下降法。

2.2.5 非定常气动混合模型仿真验证

1. 风洞试验数据

在风洞中进行飞机运动吹风试验对于理解复杂的气流现象十分必要[35]。风洞试验中的飞机运动选取应该能够揭示飞机运动真实动态特性,从而获得可用于飞机气动模型结构辨识和参数优化的风洞试验数据[37]。本书采用战斗机缩比模型的真实风洞试验数据进行气动建模研究,所使用的风洞试验数据主要包括静态试验数据、单自由度大幅振荡试验数据以及横侧向双自由度偏航滚转耦合振荡试验数据。

静态试验数据包括基本状态试验、前缘襟翼影响试验、后缘襟翼影响试验、升降舵效益试验、副翼效益试验及方向舵效益试验等。本书建模所使用的静态试验数据主要考察基本状态试验下的数据,即所有舵面偏角均为零时的气动力及气动力矩系数数据。基本状态试验主要测试不同迎角 α 和侧滑角 β 下的气动力和气动力系数,迎角变化范围 $\alpha \in [0°, 100°]$,侧滑角变化范围 $\beta \in [-40°, 40°]$,共进行 13 组测试车次。

单自由振荡试验主要包括大幅值俯仰振荡试验、大幅值偏航振荡和大幅值滚转振荡试验,考察单自由度机动时,飞机的非定常气动力的变化情况。在仿真飞机单自由度运动时,受迫简谐运动能够有效地反映大迎角飞行条件下的非定常气动特性[36],本书即采用大幅值受迫简谐振荡下的风洞数据进行单自由度非定常气动模型参数辨识。

➤ 单自由度俯仰受迫简谐振荡如下:

$$\left. \begin{array}{l} \alpha = \alpha_0 - A\sin(2\pi ft) \\ \dot{\alpha} = -2\pi fA\cos(2\pi ft) \end{array} \right\} \quad (2.25)$$

振荡幅值范围 $A \in \{20°, 40°, 45°, 50°\}$;振荡频率范围 $f \in [0.2, 1.2]$;中心迎角值与振幅范围相对应 $\alpha_0 \in \{20°, 40°, 45°, 50°\}$;侧滑角变化范围 $\beta \in [-30°, 30°]$,共 67 组测试车次。

➤ 单自由度偏航受迫简谐振荡如下:

$$\beta = A\sin(2\pi ft) \quad (2.26)$$

振荡幅值范围 $A \in \{20°, 30°, 40°\}$;振荡频率范围 $f \in [0.2, 1.0]$;迎角变化范围 $\alpha \in [0°, 80°]$,共 88 组测试车次。

➤ 单自由度滚转受迫简谐振荡如下:

$$\phi = A\sin(2\pi ft) \quad (2.27)$$

振荡幅值范围 $A \in \{20°, 30°, 40°\}$;振荡频率范围 $f \in [0.3, 1.5]$;迎角变化范围 $\alpha \in [0°, 80°]$,共 80 组测试车次。

双自由度偏航滚转耦合振荡试验分为同振幅同相位、同振幅异相位和异振幅同相位三种试验情况,运动方式同样为受迫简谐振荡:

$$\left. \begin{array}{l} \beta = A_1 \sin(2\pi ft) \\ \phi = A_2 \sin(2\pi ft + \xi) \end{array} \right\} \quad (2.28)$$

异相位时有偏航和滚转运动的相位差 $\xi = 180°$。振荡幅值范围 $A_1, A_2 \in \{20°, 40°\}$;

振荡频率范围 $f \in [0.2, 0.8]$；迎角变化范围 $\alpha \in [0°, 90°]$，共235组测试车次。

2. 仿真结果分析

本书在进行非定常气动混合模型的参数辨识时，选取不同振荡试验中具有代表性的车次试验数据，在尽可能覆盖战机大迎角机动振荡幅度及频率的同时，精简用于气动模型参数训练的数据组数。以单自由度俯仰受迫振荡为例，选取振荡幅值为 $A = 45°$，振荡频率分别为 $f = 0.4$、0.6、0.8、1.0、1.2 Hz，侧滑角为 $\beta = -30°$、$-15°$、$0°$、$15°$、$30°$ 时的车次，共25组数据。将每一车次的数据段截取2/3进行参数辨识，剩余1/3数据用于模型验证。参照上文中给出的纵向非定常气动混合模型的模型框架进行参数辨识，并同状态空间方法得到的模型响应进行对比，部分仿真结果如图2.17所示。

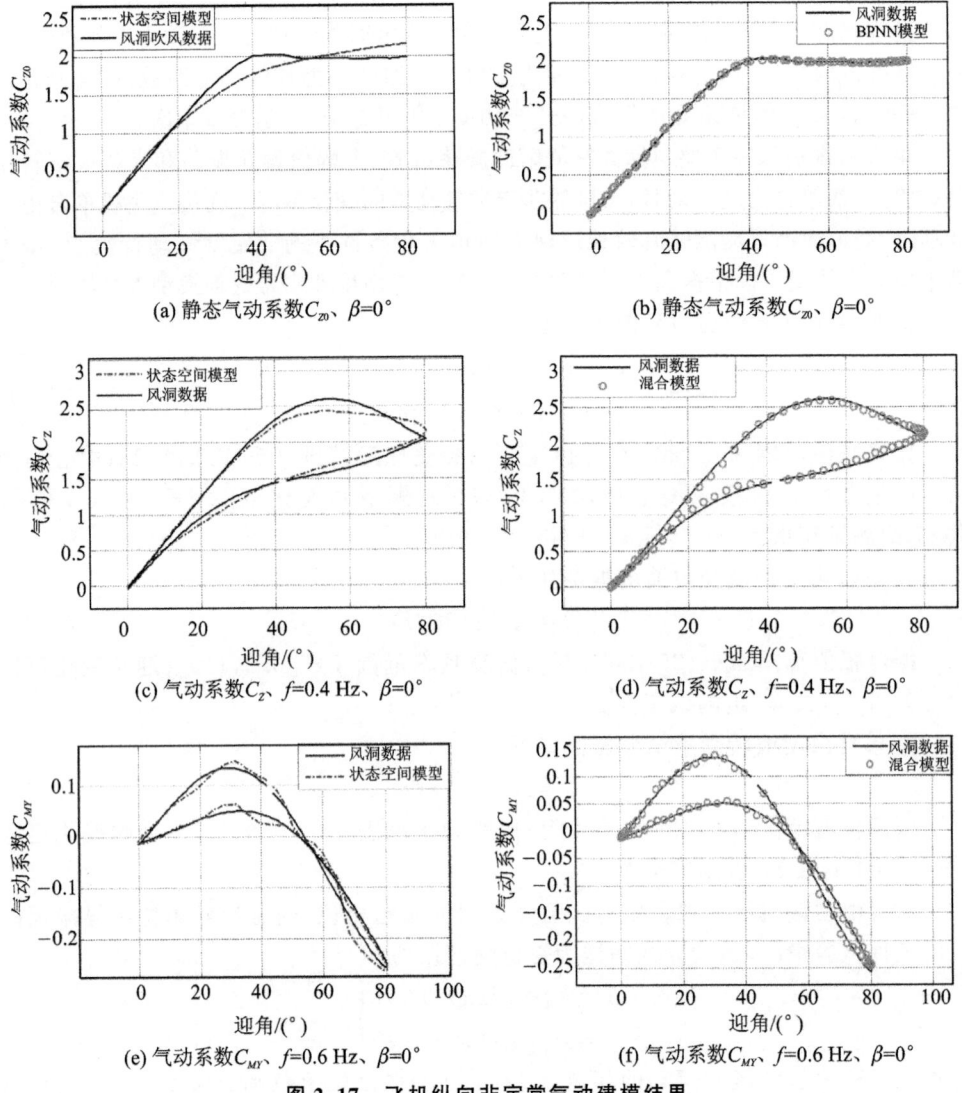

图2.17 飞机纵向非定常气动建模结果

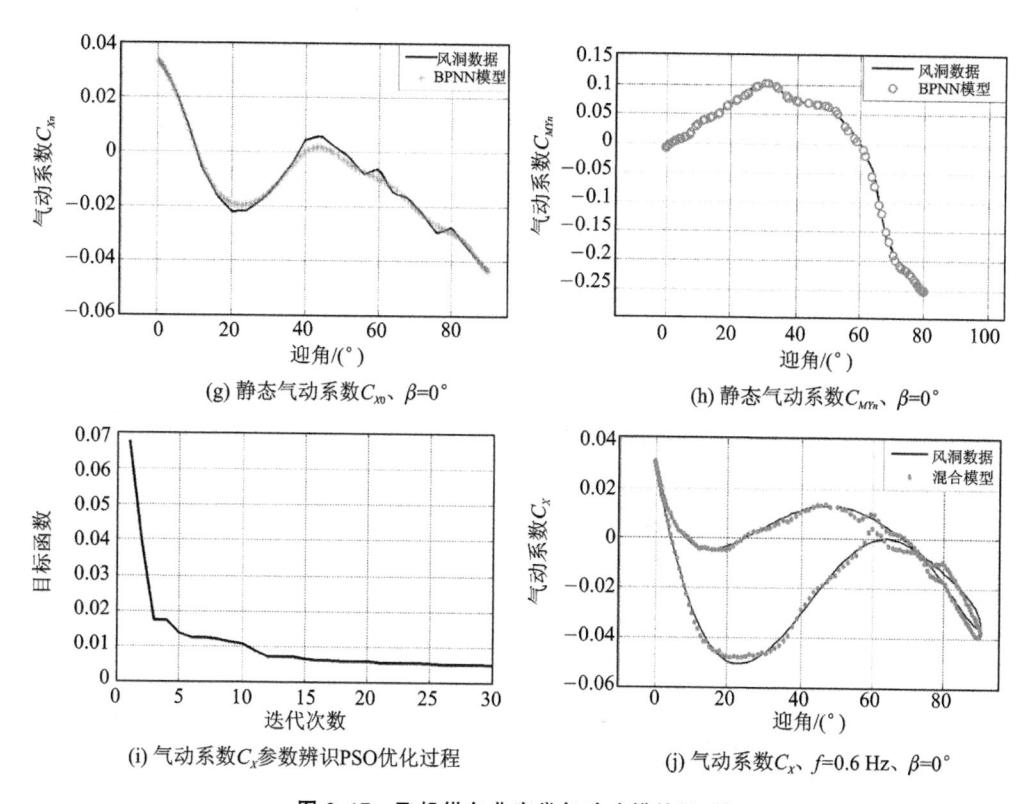

图 2.17　飞机纵向非定常气动建模结果(续)

图 2.17 中曲线表明,状态空间模型在一定程度上能够体现飞机大迎角机动时的非定常气动特性,然而由于多项式模型的近似程度有限,其模型精度有待提高。例如静态气动系数 C_{Z0} 和风洞试验数据相比存在较大误差。采用非定常气动混合模型得到的模型输出同状态空间模型相比,精度有了显著提高。在不同频率和侧滑角条件下,均能得到与风洞试验数据非常接近的模型响应。在非定常气动模型参数辨识组合优化方法中,使用 PSO 能够快速有效地得到模型参数的近似优化值,为其后的局部精确优化计算提供良好的初值保证。

关于参数辨识结果,以飞机法向轴气动力系数 C_Z 和俯仰力矩系数 C_{MY} 为例进行说明。静态气动系数的近似模型 BPNN 模型 A 中,6 个隐层神经元已经能够保证得到较为精确的模型响应。在动态气动系数的辨识过程中,初始设置 30 个隐层神经元,利用嵌套优化结构优先辨识气动分离点模型的 4 个参数 σ、α^*、τ_1、τ_2,结果如表 2.2 所列。

表 2.2　气动分离点模型辨识结果

σ	$\alpha^*/(°)$	τ_1/s	τ_2/s
0.11	41.2	0.042	0.047

随后逐一减少 BPNN 模型 B 中隐层神经元数量，进行模型简化。结果表明 6 个隐层神经元足够用以描述 C_Z 动态系数的非线性映射关系；对于 C_{MY}，则需要 7 个隐层神经元来保证模型精度。

将结构简化过的非定常气动混合模型同未简化的混合模型及状态空间模型作对比，比较各模型的输出响应与风洞试验数据的误差情况。表 2.3 中取 $f=0.4$、0.6、0.8 Hz，$\beta=0°$ 时的模型输出误差均方值 $\bar{J}$ 作为比较值，其中 SS-M 代表状态空间模型，CH-M 代表含有 30 个隐层神经元的混合模型，SH-M 代表简化后的混合模型。

表 2.3 不同模型输出误差均方值对比

	$\bar{J}/10^{-2}$	$f=0.4$ Hz	$f=0.6$ Hz	$f=0.8$ Hz
C_Z	SS-M	7.87	4.58	8.66
	CH-M	3.05	1.34	2.47
	SH-M	3.32	1.61	3.46
C_{MY}	SS-M	4.79	4.12	11.1
	CH-M	0.42	0.35	0.40
	SH-M	1.05	0.56	0.57

相比于状态空间模型，非定常气动混合模型在俯仰振荡过程中，模型输出更为接近真实风洞试验数据，有着更高的模型精度。同时，简化后的混合模型网络结构并不复杂，很好地满足了工程实用性。

单自由度偏航振荡、单自由度滚转振荡和双自由度偏航滚转耦合振荡模型辨识，在筛选和精简试验数据上，同纵向俯仰振荡相类似。仍旧选取能够覆盖战机大迎角机动飞行滚转与偏航振荡幅值及频率范围的数据，将每一车次的数据段截取 2/3 进行参数辨识，剩余 1/3 数据用于模型验证。

表 2.4 给出了单自由度偏航振荡、单自由度滚转振荡以及双自由度偏航滚转耦合振荡所选取的试验车次数据。由于双自由度偏航滚转耦合振荡有同相位和异相位之分，因此选取的试验车组组数加倍，为 40 组。

表 2.4 偏航滚转振荡选取试验数据

振荡试验	振幅取值/(°)	频率取值/Hz	迎角取值/(°)	组数
单自由度偏航振荡	$A=40$	$f=0.2$ $f=0.6$ $f=1.0$	$\alpha=0、20、40、60、80$	15
单自由度滚转振荡	$A=40$	$f=0.5$ $f=1.0$ $f=1.5$	$\alpha=0、20、40、60、80$	15

续表 2.4

振荡试验	振幅取值/(°)	频率取值/Hz	迎角取值/(°)	组 数
双自由度偏航滚转耦合振荡	$A_1=40$ $A_2=40$	$f=0.2$ $f=0.4$ $f=0.6$ $f=0.8$	$\alpha=0、20、40、60、80$	40

按照书中给出的横侧向非定常气动混合模型的模型框架和参数辨识方案,利用选定的风洞试验数据进行参数辨识。同纵向非定常气动混合模型的仿真结果类似,横侧向非定常气动混合模型的模型输出同风洞试验数据相当近似,能够较为全面地反映飞机大迎角机动时的横侧向气动特性,很好地兼顾了精度足够和结构简化的建模要求。横侧向非定常气动混合模型的部分仿真结果见表 2.5 和图 2.18。

表 2.5 横侧向气动分离点模型辨识结果

σ_1	τ_3/s	τ_4/s	τ_5/s
0.16	0.052	0.045	0.038

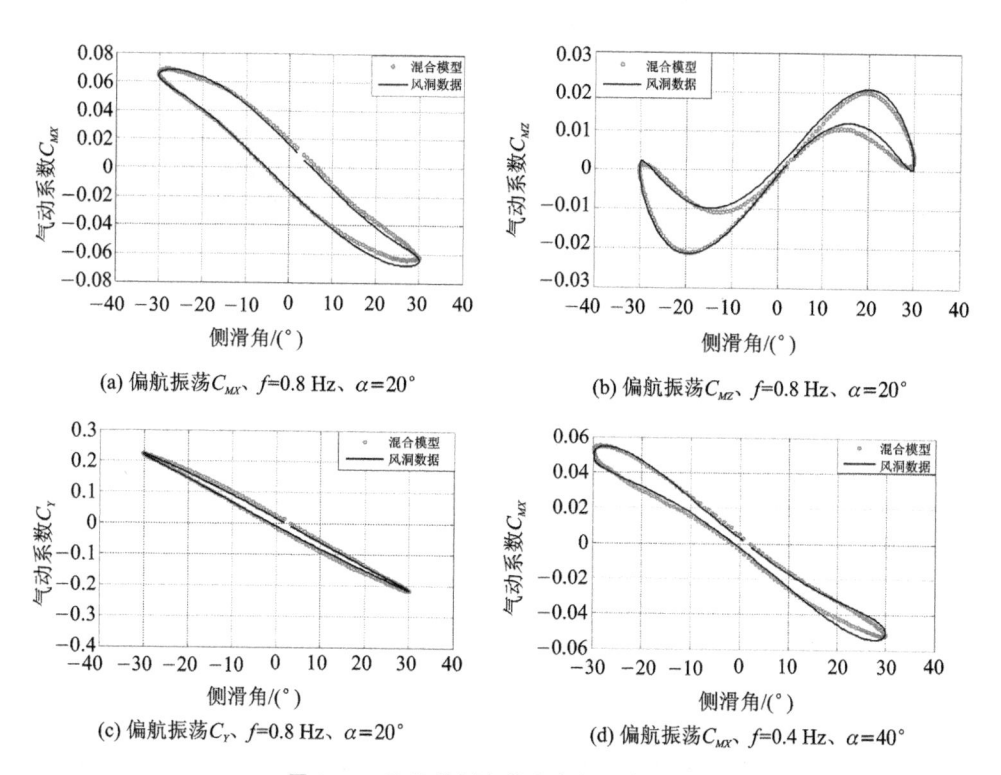

(a) 偏航振荡 C_{MX}、$f=0.8$ Hz、$\alpha=20°$

(b) 偏航振荡 C_{MZ}、$f=0.8$ Hz、$\alpha=20°$

(c) 偏航振荡 C_Y、$f=0.8$ Hz、$\alpha=20°$

(d) 偏航振荡 C_{MX}、$f=0.4$ Hz、$\alpha=40°$

图 2.18 飞机横侧向非定常气动建模结果

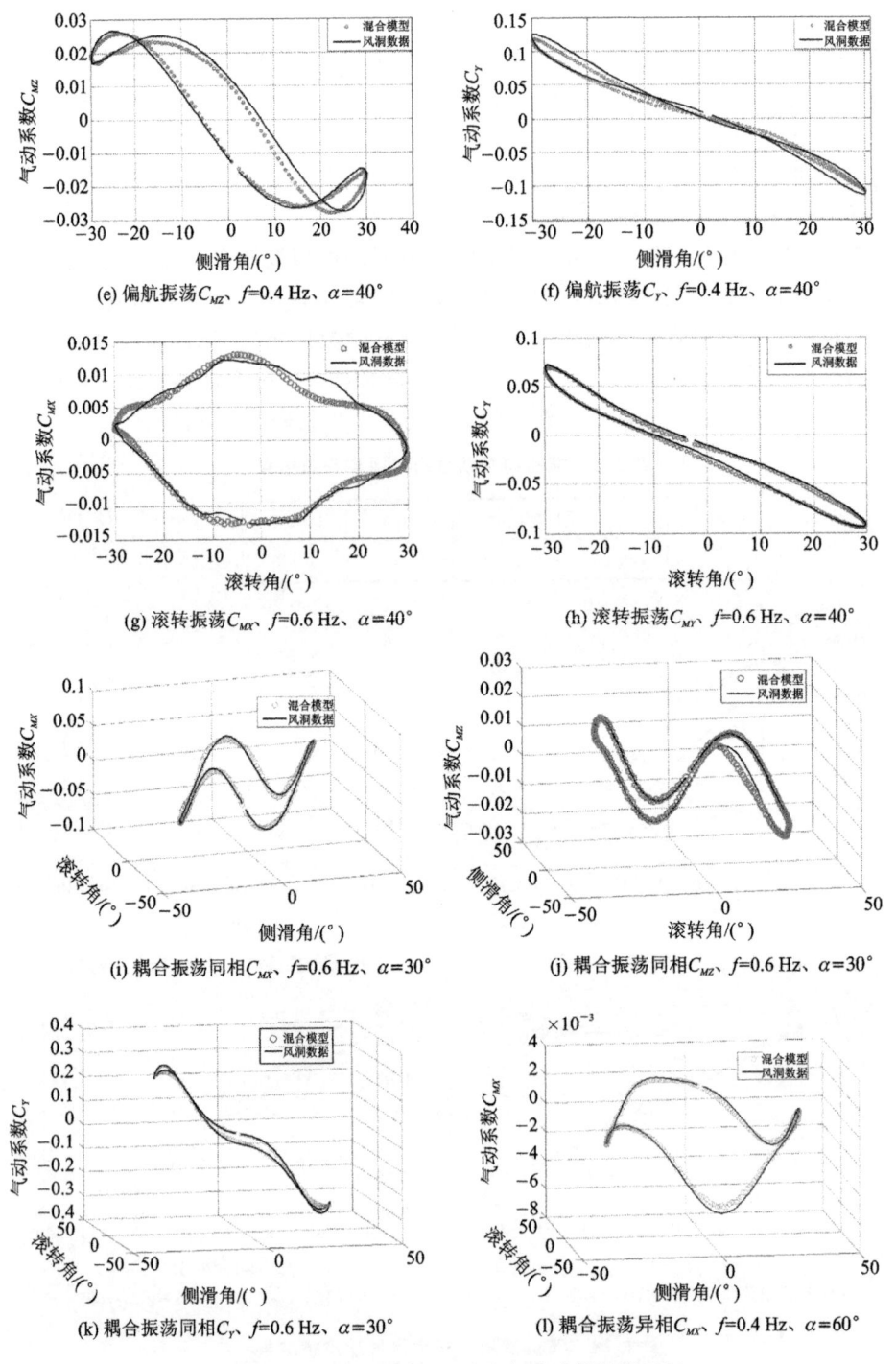

(e) 偏航振荡C_{MZ}、$f=0.4$ Hz、$\alpha=40°$

(f) 偏航振荡C_Y、$f=0.4$ Hz、$\alpha=40°$

(g) 滚转振荡C_{MX}、$f=0.6$ Hz、$\alpha=40°$

(h) 滚转振荡C_{MY}、$f=0.6$ Hz、$\alpha=40°$

(i) 耦合振荡同相C_{MX}、$f=0.6$ Hz、$\alpha=30°$

(j) 耦合振荡同相C_{MZ}、$f=0.6$ Hz、$\alpha=30°$

(k) 耦合振荡同相C_Y、$f=0.6$ Hz、$\alpha=30°$

(l) 耦合振荡异相C_{MX}、$f=0.4$ Hz、$\alpha=60°$

图 2.18　飞机横侧向非定常气动建模结果(续)

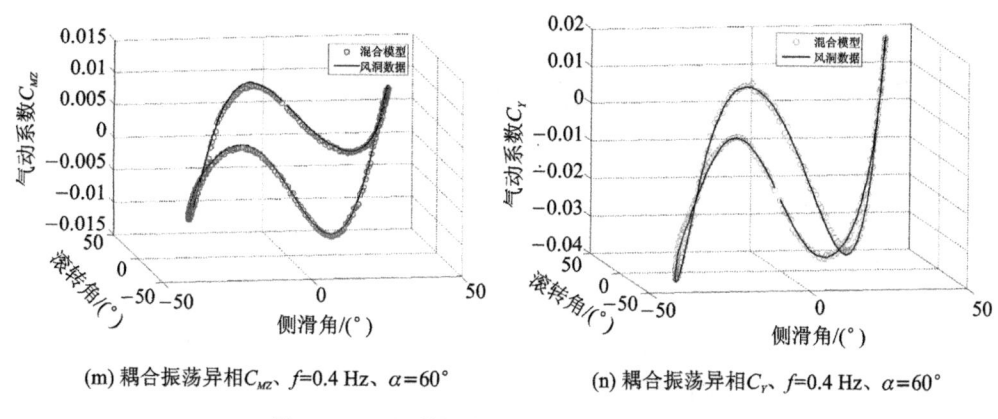

(m) 耦合振荡异相 C_{MZ}、$f=0.4$ Hz、$\alpha=60°$　　(n) 耦合振荡异相 C_Y、$f=0.4$ Hz、$\alpha=60°$

图 2.18　飞机横侧向非定常气动建模结果(续)

2.3　本章小结

本章讨论了飞机在大迎角飞行状态下的非线性、非定常气流特性，通过风洞试验数据验证了非定常气流具有迟滞的复杂非线性特征，常规的建模方法已不适用。

为解决非定常气动建模问题。首先分析了非定常气动时滞效应的产生机理，提出了基于状态空间模型和反向传播神经网络模型的非定常气动混合建模方法，并分别给出了纵向气动系数和横侧向气动系数的非定常混合模型结构框架和相应的参数嵌套优化方案。利用风洞试验数据进行仿真验证，证明了混合模型可以精确表征大迎角非定常气动特性。

第 3 章　大迎角过失速机动的控制

非定常气动特性的存在,使得大迎角机动时飞机的运动特性呈现出比常规迎角飞行时更为严重的非线性特征,要求飞控系统具有更好的解耦控制能力[38]。同时,现代战机操纵面数量的增加及推力矢量的使用,又要求飞控系统能够提供适当的控制分配方案,保证各操纵机构协同工作[39]。此外,作为面向空战任务的机动动作,大迎角过失速机动又要求飞机具有良好的机动能力。如何设计出同时满足上述需求的可靠飞控系统,是飞机大迎角非线性控制研究所要解决的关键问题。

3.1　大迎角飞行中的刚体飞机模型

3.1.1　刚体飞机的六自由度非线性方程

本书中的飞机动力学和运动学建模采用常规六自由度非线性全量方程,基本推导过程见参考文献[37],在其基础上添加双发推力矢量发动机模型,搭建了含推力矢量飞机的六自由度非线性模型,为后续的过失速机动控制设计及大迎角飞行品质评估及研究打下基础。

建立飞机方程之前,先做如下假设:
- 飞机为刚体,且质量为常数;
- 地面坐标系为惯性系;
- 忽略地面曲率,认为地面为平面;
- 飞机几何外形对称,质量分布对称,惯性积满足:

$$\left. \begin{array}{l} I_{XY} = \int xy \, \mathrm{d}m = 0 \\ I_{ZY} = \int zy \, \mathrm{d}m = 0 \end{array} \right\} \tag{3.1}$$

飞机机体轴坐标系采用美系坐标系,即右手正交坐标系,如图 3.1 所示。

在飞机机体轴坐标系上建立飞机的动力学方程,可以得到力方程组和力矩方程组:

$$\left. \begin{array}{l} \dot{u} = wq - vr - g\sin\theta + F_X/m \\ \dot{v} = ur - wp + g\cos\theta\sin\phi + F_Y/m \\ \dot{w} = vp - uq + g\cos\theta\cos\phi + F_Z/m \end{array} \right\} \tag{3.2}$$

第 3 章 大迎角过失速机动的控制

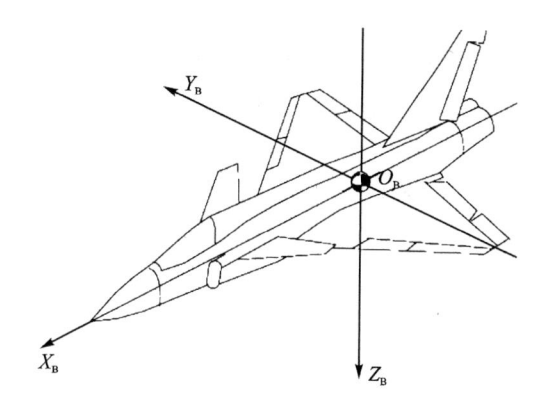

图 3.1 飞机机体坐标系

$$\left.\begin{array}{l} L = \dot{q}I_X - \dot{r}I_{XZ} + qr(I_Z - I_Y) - pqI_{XZ} \\ M = \dot{q}I_Y + pr(I_X - I_Z) + (p^2 - r^2)I_{XZ} \\ N = \dot{r}I_Z - \dot{p}I_{XZ} + pq(I_Y - I_X) + qrI_{XZ} \end{array}\right\} \quad (3.3)$$

式中,F_X、F_Y、F_Z 分别为飞机所受除重力外的合力在机体轴的各轴分量,L、M、N 分别为绕对应机体轴的滚转力矩、俯仰力矩和偏航力矩。上式中采用积分解算方式可以得到飞机的速度向量 $[u,v,w]^T$ 及角速度向量 $[p,q,r]^T$。飞机的姿态角 $[\phi,\theta,\psi]^T$ 采用如下运动方程组积分计算得到:

$$\left.\begin{array}{l} \dot{\phi} = p + (r\cos\phi + q\sin\phi)\tan\theta \\ \dot{\theta} = q\cos\phi - r\sin\phi \\ \dot{\psi} = \dfrac{1}{\cos\theta}(r\cos\phi + q\sin\phi) \end{array}\right\} \quad (3.4)$$

通过机体坐标系到地面坐标系的转换矩阵 $S_{b/g}$,可以由机体速度得到地面坐标系的速度 $[\dot{x}_g, \dot{y}_g, -\dot{h}]^T$,再积分后即得到机体位置信息 $[x_g, y_g, h]^T$。

$$[\dot{x}_g, \dot{y}_g, -\dot{h}]^T = S_{b/g}[u,v,w]^T \quad (3.5)$$

$S_{b/g}$ 由地面坐标系到机体坐标系的转换矩阵 $S_{g/b}$ 求逆得到,即

$$S_{b/g} = S_{g/b}^{-1}$$

$$S_{g/b} = \begin{bmatrix} \cos\theta\cos\psi & \cos\theta\sin\psi & -\sin\theta \\ \sin\phi\sin\theta\cos\psi - \cos\phi\sin\psi & \sin\phi\sin\theta\sin\psi + \cos\phi\cos\psi & \sin\phi\cos\theta \\ \cos\phi\sin\theta\cos\psi + \sin\phi\sin\psi & \cos\phi\sin\theta\sin\psi - \sin\phi\cos\psi & \cos\phi\cos\theta \end{bmatrix}$$

$$(3.6)$$

除重力影响外,动力学方程中合外力和力矩的计算主要考虑气动效益和推力矢量,并按照下式计算:

$$\left.\begin{array}{l} [F_X, F_Y, F_Z]^T = [R_X, R_Y, R_Z]^T + [P_X, P_Y, P_Z]^T \\ [L, M, N]^T = [M_X, M_Y, M_Z]^T + [M_{PX}, M_{PY}, M_{PZ}]^T \end{array}\right\} \quad (3.7)$$

式中，气动力在机体坐标系下的向量表示为 $\mathbf{R}=[R_X,R_Y,R_Z]^T$，气动力矩在机体坐标系下的向量表示为 $\mathbf{M}=[M_X,M_Y,M_Z]^T$。推力矢量作用力在机体坐标系下的向量表示为 $\mathbf{P}=[P_X,P_Y,P_Z]^T$，推力矢量所产生的力矩在机体坐标下的向量表示为 $\mathbf{M}_P=[M_{PX},M_{PY},M_{PZ}]^T$。

气动力和气动力矩的计算按照下式给出：

$$\left.\begin{array}{l}R_X=QSC_X(\alpha,\beta,p,q,r,\delta,\cdots)\\ R_Y=QSC_Y(\alpha,\beta,p,q,r,\delta,\cdots)\\ R_Z=QSC_Z(\alpha,\beta,p,q,r,\delta,\cdots)\\ M_X=QSbC_{MX}(\alpha,\beta,p,q,r,\delta,\cdots)\\ M_Y=QS\bar{c}C_{MY}(\alpha,\beta,p,q,r,\delta,\cdots)\\ M_Z=QSbC_{MZ}(\alpha,\beta,p,q,r,\delta,\cdots)\end{array}\right\} \quad (3.8)$$

式中，$Q=\dfrac{1}{2}\rho V^2$ 为动压，空气密度按照国际标准大气(ISA)模型计算，式(3.8)中的各项气动系数 $C_X,C_Y,C_Z,C_{MX},C_{MY},C_{MZ}$ 通常采用风洞试验或飞行测试给出，ISA 模型的近似计算公式如下：

$$T=\begin{cases}T_0+\lambda h, & \text{if } h\leqslant 11\ 000\ \text{m}\\ T(h=11\ 000), & \text{if } h>11\ 000\ \text{m}\end{cases}$$

$$P_r=\begin{cases}P_{r_0}\left(1+\lambda\dfrac{h}{T_0}\right)^{-\frac{g_0}{R\lambda}}, & \text{if } h\leqslant 11\ 000\ \text{m}\\ P_r(h=11\ 000)e^{-\frac{g}{RT(h=11\ 000)}(h-11\ 000)}, & \text{if } h>11\ 000\ \text{m}\end{cases} \quad (3.9)$$

$$\rho=\dfrac{P_r}{RT}$$

$$a=\sqrt{\Gamma RT}$$

式中，$T_0=288.15$ K，为海平面的气温；$P_{r_0}=10\ 132$ N/m^2，为海平面的气压；$R=287.05$ J/kg/K，为空气的气体常数；$g_0=9.806\ 65$ m/s^2，为海平面的重力加速度；$\lambda=dT/dh=-0.006\ 5$ K/m，为温度随高度下降的梯度；$\Gamma=1.41$，为空气的等熵膨胀因数。给定的飞机所在的飞行高度为 h，ISA 模型即能返回当前的气温为 T，当前的气压为 P_r，当前的空气密度为 ρ 以及该高度处的声速为 a。

3.1.2 推进系统及推力矢量模型

推力矢量由飞机发动机尾喷管的偏转产生，它改变了推力的方向，使得发动机推力由传统的只在机体轴上作用变为可沿着喷管中心转动，从而产生了沿机体轴的矢量推力和力矩。本书中战斗机模型采用双发发动机左右排列布局，轴对称矢量喷管可以在俯仰和偏航两个方向转动，尾喷管上下偏转产生升力和俯仰力矩，左右偏转产生侧力和偏航力矩,上下差动偏转产生滚转力矩。因此,推力矢量系统产生的推力不再限制为固定方向,而是在某一空间矢量范围之内。假设发动机推进系统平行于机体轴安装,则某一发动机产生的推力在机体轴系进行分解,可表示为

$$\begin{bmatrix} P_X \\ P_Y \\ P_Z \end{bmatrix} = \begin{bmatrix} P\cos\delta_{TZ}\cos\delta_{TY} \\ P\cos\delta_{TZ}\sin\delta_{TY} \\ P\sin\delta_{TZ} \end{bmatrix} \quad (3.10)$$

式中,P 为安装推力的大小;P_X、P_Y、P_Z 为机体轴下的推力矢量作用力分量;δ_{TZ} 为矢量喷管在飞机纵向对称平面内的偏度,定义 δ_{TZ} 下偏为正,产生升力与低头力矩;δ_{TY} 为垂直于飞机纵向对称面的偏度,定义其左偏为正,产生正向侧力和左偏力矩。推力矢量作用力在机体轴上的分解示意图如图 3.2 所示。由该推力矢量发动机产生的力矩按照下式计算得到:

$$\begin{bmatrix} M_{PX} \\ M_{PY} \\ M_{PZ} \end{bmatrix} = \begin{bmatrix} l_X \\ l_Y \\ l_Z \end{bmatrix} \times \begin{bmatrix} P_X \\ P_Y \\ P_Z \end{bmatrix} = \begin{bmatrix} P_Z l_Y - P_Y l_Z \\ P_X l_Z - P_Z l_X \\ P_Y l_X - P_X l_Y \end{bmatrix} \quad (3.11)$$

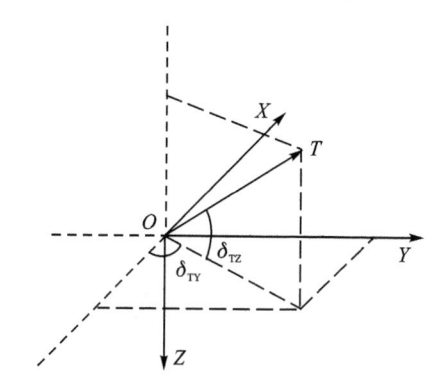

图 3.2 推力矢量作用力在机体轴上的分解示意

式中,"×"表示矢量的叉乘;$[l_X, l_Y, l_Z]^T$ 分别为发动机喷口在机体坐标系中相对于飞机质心的坐标,其中 l_X 为尾喷管到飞机质心的纵向距离,l_Y 为尾喷管轴线和机体轴 OX_B 间的侧向距离,l_Z 为尾喷管轴线和机体轴 OX_B 间垂向距离。

本书不涉及发动机推进系统具体性能参数的研究,控制过程仅考虑该推进系统的外部特征,且对推进系统的动态特性做了简化,采用二阶动态系统结合一个一阶惯性系统来共同描述带推力控制器的推进系统动态特性,即

$$P_O = \frac{\omega_T^2}{s^2 + 2\xi_T\omega_T s + \omega_T^2} \times \frac{1}{T_T s + 1} \times P_C \quad (3.12)$$

式中,P_C 和 P_O 分别为推力指令与推力响应;ξ_T 和 ω_T 分别为二阶系统阻尼比和固有频率;T_T 为系统一阶惯性时间常数。

3.1.3 操纵面舵机模型

对于先进布局多操纵面战斗机进行研究,操纵面执行机构动态模型需要体现出对操纵机构偏度和速率的限制。选用受限二阶系统来描述各操纵面对应舵机的动态响应过程,其结构框架如图 3.3 所示。

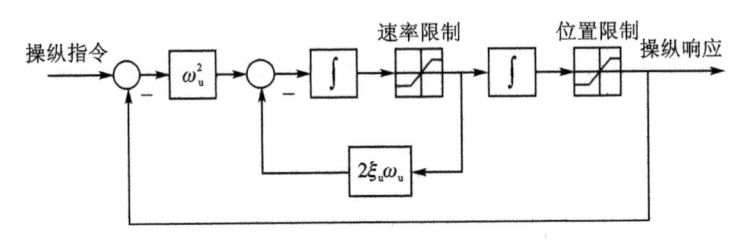

图 3.3 操纵面舵机模型结构框图

其对应的动态方程为

$$\left.\begin{aligned} u_r &= \frac{\omega_u^2}{s^2 + 2\xi_u \omega_u s + \omega_u^2} u_c \\ \dot{u}_{\min} &\leqslant \dot{u}_r \leqslant \dot{u}_{\max} \\ u^{\min} &\leqslant u_r \leqslant u^{\max} \end{aligned}\right\} \quad (3.13)$$

式中,u_c 和 u_r 分别为执行舵面的操纵指令和响应;ξ_u 和 ω_u 为舵机的阻尼比和固有频率。

3.2 基于扩展线性化方法的飞控系统设计[40]

非线性控制系统设计的一个基本思想是借助线性系统控制理论和设计方法,来解决非线性控制系统的问题,实现的关键是非线性系统的线性化。对于飞行包线内的常规飞行控制,可以使用小扰动线性化方法;而对于过失速机动的飞机,将采用将非线性系统线性化的方法,例如:全局线性化方法、伪线性化方法和扩展线性化方法,这三种方法都是在平衡流型上的一阶近似线性化方法。伪线性化方法(Pseudo-Linearization)是由 Reboulet 等人提出的;扩展线性化(Extended Linearization)是从伪线性化方法发展而来的,最早由 Baumann 等人提出来。除此之外,还有基于平衡点邻域的近似线性化方法,以及输入/输出线性化方法等。常规的动态逆就是一种输入/输出线性化方法,理论上可以实现对非线性的精确线性化,但是对于非最小相位系统和输出不具备相对阶的系统,则是不可行的。进一步来说,精确线性化的前提是具有被控对象的精确的模型,这需要对系统的非线性参数进行精确建模。

需要说明的是,这里介绍的设计方法采用的是苏制坐标系,基于苏制坐标系的飞机六自由度非线性动力学、运动学方程的推导过程见参考文献[40]。

导出的飞机的六自由度非线性力方程为

$$\left.\begin{aligned}\dot{V} &= \frac{1}{m}(P_x\cos\alpha\cos\beta - P_y\sin\alpha\cos\beta + P_z\sin\beta + Z\sin\beta - D) - \\ & \quad g(\cos\alpha\cos\beta\sin\vartheta - \sin\alpha\cos\beta\cos\vartheta\cos\gamma - \sin\beta\cos\vartheta\sin\gamma) \\ \dot{\alpha} &= -\frac{1}{mV\cos\beta}(P_x\sin\alpha + P_y\cos\alpha + L) + \bar{\omega}_z - \tan\beta(\bar{\omega}_x\cos\alpha - \bar{\omega}_y\sin\alpha) + \\ & \quad \frac{g}{V\cos\beta}(\sin\alpha\sin\vartheta + \cos\alpha\cos\vartheta\cos\gamma) \\ \dot{\beta} &= \frac{1}{mV}(-P_x\cos\alpha\sin\beta + P_y\sin\alpha\sin\beta + P_z\cos\beta + Z\cos\beta) + \bar{\omega}_x\sin\alpha + \\ & \quad \bar{\omega}_y\cos\alpha + \frac{g}{V}(\cos\alpha\sin\beta\sin\vartheta - \sin\alpha\sin\beta\cos\vartheta\cos\gamma + \cos\beta\sin\gamma\cos\vartheta)\end{aligned}\right\} \quad (3.14)$$

力矩方程为

$$\left.\begin{aligned}\dot{\bar{\omega}}_x &= B_y\bar{\omega}_y\bar{\omega}_z - B_{xy}\bar{\omega}_x\bar{\omega}_z + \frac{I_y(M_x + M_{px}) + I_{xy}(M_y + M_{py})}{I_xI_y - I_{xy}^2} \\ \dot{\bar{\omega}}_y &= B_{xy}\bar{\omega}_y\bar{\omega}_z - B_x\bar{\omega}_x\bar{\omega}_z + \frac{I_{xy}(M_x + M_{px}) + I_x(M_y + M_{py})}{I_xI_y - I_{xy}^2} \\ \dot{\bar{\omega}}_z &= \frac{(I_x - I_y)}{I_z}\bar{\omega}_x\bar{\omega}_y + \frac{I_{xy}}{I_z}(\bar{\omega}_x^2 - \bar{\omega}_y^2) + \frac{(M_z + M_{pz})}{I_z}\end{aligned}\right\} \quad (3.15)$$

式中，$B_x = \frac{I_x^2 - I_xI_z + I_{xy}^2}{I_xI_y - I_{xy}^2}$，$B_y = \frac{I_y^2 - I_yI_z + I_{xy}^2}{I_xI_y - I_{xy}^2}$，$B_{xy} = \frac{I_{xy}(I_x + I_y - I_z)}{I_xI_y - I_{xy}^2}$。

轨迹运动满足以下运动学方程：

$$\left.\begin{aligned}\dot{\gamma} &= \omega_x - \tan\vartheta(\omega_y\cos\gamma - \omega_z\sin\gamma) \\ \dot{\vartheta} &= \omega_y\sin\gamma + \omega_z\cos\gamma \\ \dot{\Psi} &= \frac{1}{\cos\vartheta}(\omega_y\cos\gamma - \omega_z\sin\gamma)\end{aligned}\right\} \quad (3.16)$$

在大迎角的飞行条件下，控制律设计的时候会用到速度滚转角（航迹滚转角），下面在机体轴方程的基础上算出轨迹方程。注意迎角是机体坐标系上的投影，侧滑角是气流坐标系上的投影。

$$\dot{\mu} = \frac{1}{mV}\tan\beta(L + P_x\sin\alpha + P_y\cos\alpha) - \frac{g}{V}\tan\beta(\sin\alpha\sin\vartheta + \cos\varepsilon\cos\vartheta\cos\gamma) + \\ \frac{\cos\alpha}{\cos\beta}\omega_x - \frac{\sin\alpha}{\cos\beta}\omega_y \quad (3.17)$$

后面的扩展线性化设计都是依据上述方程进行的。

3.2.1 基于扩展线性化的控制概念

这里使用扩展线性化的方法，将非线性系统线性化。通过设计一个非线性反馈，使其具有以下的性质:在静态工作点族中的任何一个点上,设计一个非线性反馈,以得到在该静态工作点上的线性化模型。

考虑非线性系统:

$$\left.\begin{aligned} \dot{x}(t) &= f[x(t), u(t)], & f(0,0) = 0 \\ y(t) &= h[x(t), u(t)], & h(0,0) = 0 \end{aligned}\right\} \quad (3.18)$$

式中,$x \in \mathbf{R}^n$、$u \in \mathbf{R}^m$、$y \in \mathbf{R}^p$,$f(\cdot,\cdot): \mathbf{R}^n * \mathbf{R}^m \longrightarrow \mathbf{R}^n$ 连续可微、$h(\cdot): \mathbf{R}^n \longrightarrow \mathbf{R}^p$ 连续可微。

式(3.18)的稳态平衡点族定义为

$$\{u = \bar{u}, x = \bar{x}, y = \bar{y} | f(\bar{x}, \bar{u}) = 0, h(\bar{x}, \bar{u}) = \bar{y}, u \in \varGamma\} \quad (3.19)$$

在式(3.19)中,$x(\cdot), u(\cdot)$ 连续可微,$\varGamma \in \{u | u \in \mathbf{R}^m, \forall \delta > 0, 0 < \|u\| < \delta\}$。系统在平衡点集上的线性化方程是

$$\left.\begin{aligned} \dot{x} &= A(\bar{x}, \bar{u})(x - \bar{x}) + B(\bar{x}, \bar{u})(u - \bar{u}) \\ y - \bar{y} &= C(\bar{x}, \bar{u})(x - \bar{x}) + D(\bar{x}, \bar{u})(u - \bar{u}) \end{aligned}\right\} \quad (3.20)$$

对线性系统式(3.20)取线性反馈

$$u - \bar{u} = \bar{K}(x - \bar{x}) + \bar{G}(w - \bar{w}) \quad (3.21)$$

和系统的线性描述

$$\left.\begin{aligned} A(\bar{x}, \bar{u}) &= \frac{\partial f}{\partial x}(\bar{x}, \bar{u}), & B(\bar{x}, \bar{u}) &= \frac{\partial f}{\partial u}(\bar{x}, \bar{u}) \\ C(\bar{x}, \bar{u}) &= \frac{\partial h}{\partial x}(\bar{x}, \bar{u}), & D(\bar{x}, \bar{u}) &= \frac{\partial h}{\partial u}(\bar{x}, \bar{u}) \end{aligned}\right\} \quad (3.22)$$

在式(3.21)中,可以选择 $\bar{K}$ 使系统具有与平衡点无关的常值稳定闭环特征值,$\bar{G}$ 的选择使系统可以跟踪指令 w。这就是扩展线性化的设计理念,通过非线性反馈使得闭环系统具有稳定的常值特征值,使得闭环系统具有稳定的线性特性,便于进行更复杂的指令跟踪设计。

3.2.2 扩展线性化的指令跟踪系统设计

根据不同的飞行战术任务,飞控系统可以跟踪不同模态的飞行指令。如地形跟随和回避控制指令是轨迹倾角和偏航角;而大迎角过失速机动飞行控制指令是飞行速度、迎角、侧滑角和绕速度矢量的滚转角。同时在大迎角飞行时,常规气动舵面的控制效率下降了,主要依靠推力矢量完成过失速机动。

在传统的飞控系统中,常常采用内、外环的设计思想。内、外环设计的优点是不必在每个环上处理非线性,当飞机的内环完成了非线性的设计,实现了线性化,其他环节就可以在平衡点的基础上设计线性控制律了,这将极大地简化控制律设计的过程。

具体来说,首先需要设计一个非线性的控制器,根据迎角、侧滑角和绕速度矢量滚转指令,使用控制舵面直接控制迎角、俯仰角速度、侧滑角、滚转角速度和偏航角速

度。图 3.4 给出了某型推力矢量战斗机的控制系统结构图。对于战斗机,一般只设计纵向短周期的控制律;为了完成过失速机动,需要对速度和绕速度矢量的滚转进行控制。与常规飞机比较,绕速度矢量的滚转比协调转弯提供了更大的偏航力和力矩,所以速度矢量转弯的半径和时间都大大减少了。另一方面,由于过失速机动是一种十分消耗能量的动作,所以在非战斗状态,主要使用协调转弯实现速度矢量转向。

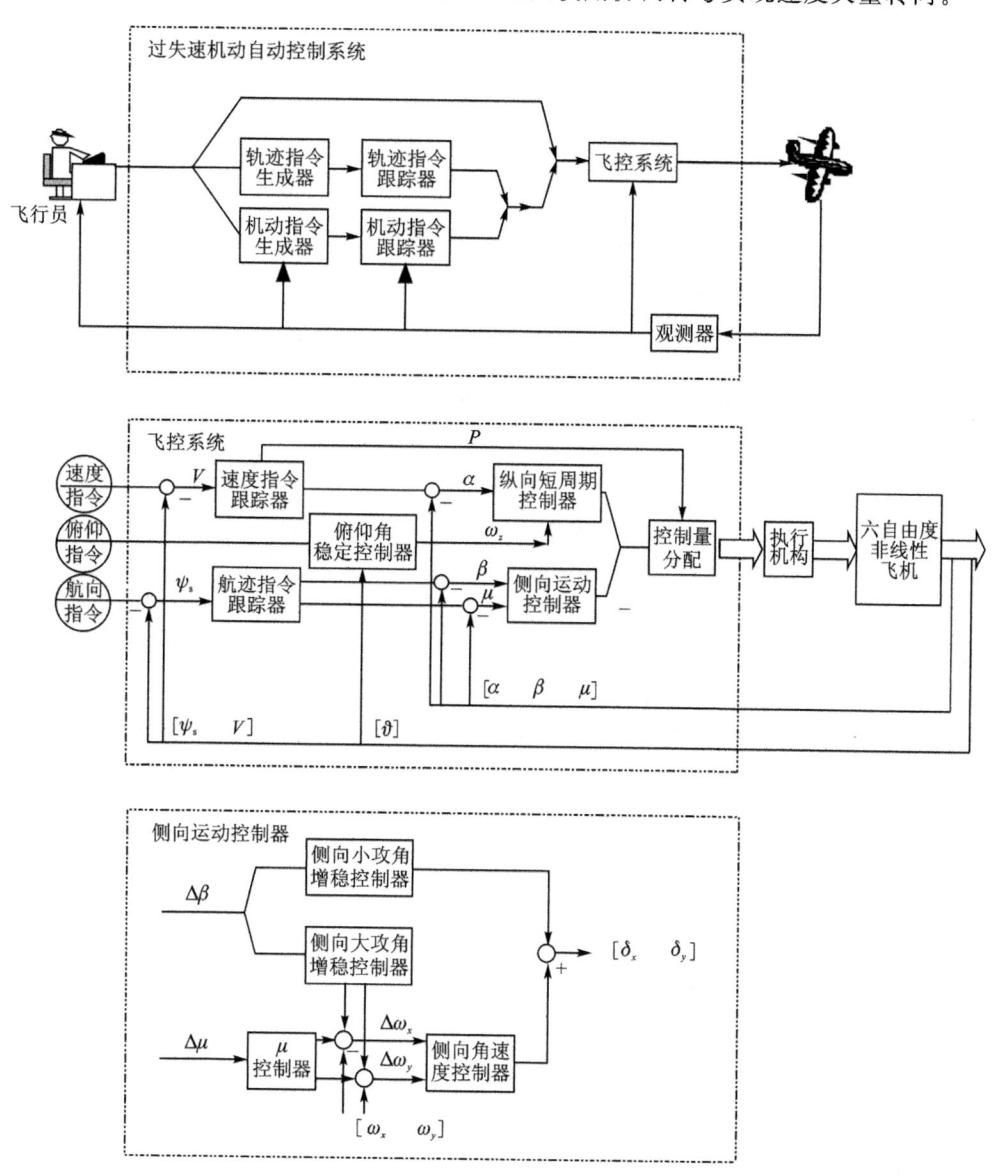

图 3.4 过失速机动控制系统结构图

在设计每个非线性控制器的时候,要尽量降低控制器的阶数;或者说,尽可能地简化被控对象。因为高阶对象在线性控制系统设计中也是很复杂的,而高阶的非线性对象所带来的计算复杂度将呈几何级数增长。一般的,保证每个控制器不高于三阶。

1. 纵向运动的控制和稳定

按飞行品质的要求,飞机必须具备一定的静稳定性和动稳定性。现代飞机往往是静不稳定的。对于阻尼特性差的荷兰滚模态的飞机,要增加偏航阻尼来改善它;有的飞机固有的纵向和侧向稳定性不足,这也需要控制系统增加它的稳定性。在大迎角飞行状态下,飞机纵向和横侧向的稳定性更加不足。本节主要分析飞机纵向运动的控制和稳定,在下一节中分析横侧向运动的控制和稳定。

分析纵向短周期的特征根如表 3.1 所列。

表 3.1 某型机特征根分布

迎角/rad	特征根	阻 尼
0.1	0.661 47 和 $-1.336\ 18$	静不稳定
0.5	$-0.212\ 671 \pm 0.328\ 141i$	0.543 9
1	$-0.105\ 449 \pm 0.745\ 428i$	0.140 1

随着迎角的增大,飞机的纵向固有阻尼会降低。控制律设计的目标是:在小迎角时,增加纵向稳定性;在大迎角时,增加飞机阻尼。利用俯仰角速率反馈,增加飞机阻尼;利用迎角或者纵向过载,增加系统的稳定性。

作为非线性系统的内环控制器,应该可以完成反馈线性化的工作,即通过非线性系统的内环控制器就可以将非线性的系统映射为线性的系统,即输入/输出线性化。与一般的输入/输出线性化不同,这里的输入/输出线性化是指在稳定工作点(平衡点)附近的线性化。如果不把工作点固定在一个孤立的点上,而是实时调整平衡点,并且应用控制器使闭环系统具有常值特征值,改变其非线性或者时变特性,这样的闭环系统就具有了输入/输出线性的特征。

设计纵向短周期控制律,就是在扩展线性化的基础上,固定系统的特征值,至少将它限制在某个特征值的邻域内。关于闭环系统零点的问题,可以和鲁棒控制一起考虑。

纵向短周期运动的状态变量 $X = [\alpha, \omega_z]^T$。因为过失速机动时,迎角是影响气动力和力矩的主要因素,所以把阻尼和增稳系统一起设计,而不是首先设计俯仰角速率阻尼系统,再设计迎角增稳系统。同时,由于操纵对于纵向和横侧向不是耦合的,也不必将滚转角速率和偏航角速率同纵向短周期运动一起设计。

当 $\beta \approx 0$ 时,简化的速度方程为

$$\dot{V} = \frac{1}{m}(p_x \cos\alpha - p_y \sin\alpha - D) - g\sin(\vartheta - \alpha) \tag{3.23}$$

纵向短周期运动认为,速度是不变的或者是缓慢变化的,从而得到推力表达式为

$$P = \frac{mg\sin(\vartheta - \alpha) + D}{\cos(\delta_{tz} + \alpha)} \tag{3.24}$$

将推力代入迎角和俯仰角速率：

$$\left.\begin{aligned}\dot{\alpha} &= -\frac{1}{mV}[D\tan(\delta_{tz}+\alpha)+L]+\omega_z-\frac{g}{V}\sin(\vartheta-\alpha)\tan(\delta_{tz}+\alpha)+\frac{g}{V}\cos(\vartheta-\alpha)\\ \dot{\omega}_z &= \frac{1}{I_z}\left[M_z-\frac{mg\sin(\vartheta-\alpha)+D}{\cos(\delta_{tz}+\alpha)}\sin\delta_{tz}\times o_x^{①}\right]\end{aligned}\right\} \tag{3.25}$$

使用扩展线性化方法处理非线性方程，把得到的线性方程使用状态空间的方法进行描述。令

$$\dot{\alpha} = f_\alpha(\boldsymbol{X}), \quad \dot{\omega}_z = f_{\omega_z}(\boldsymbol{X}) \tag{3.26}$$

线性方程：

$$\Delta \dot{\boldsymbol{X}} = \boldsymbol{A}\Delta\boldsymbol{X} + \boldsymbol{B}\Delta\boldsymbol{U} \tag{3.27}$$

式中，

$$\boldsymbol{A} = \begin{bmatrix}\dfrac{\partial f_\alpha(\boldsymbol{X})}{\partial \alpha} & \dfrac{\partial f_\alpha(\boldsymbol{X})}{\partial \omega_z}\\ \dfrac{\partial f_{\omega_z}(\boldsymbol{X})}{\partial \alpha} & \dfrac{\partial f_{\omega_z}(\boldsymbol{X})}{\partial \omega_z}\end{bmatrix} = \begin{bmatrix}a_{11} & a_{12}\\ a_{21} & a_{22}\end{bmatrix}, \quad \boldsymbol{B} = \begin{bmatrix}\dfrac{\partial f_\alpha(\boldsymbol{X})}{\partial \boldsymbol{U}}\\ \dfrac{\partial f_{\omega_z}(\boldsymbol{X})}{\partial \boldsymbol{U}}\end{bmatrix} = \begin{bmatrix}b_1\\ b_2\end{bmatrix} \tag{3.28}$$

该战斗机的纵向运动的气动舵面包括鸭翼、前后缘襟翼、升降舵、俯仰推力矢量。鸭翼、前后缘襟翼、俯仰推力矢量的控制问题实际上是控制量分配问题，将在后面一章说明，这里设 $\boldsymbol{U}=[\delta_z]$。

设计反馈控制律 $\Delta\boldsymbol{U}=\boldsymbol{K}\Delta\boldsymbol{X}$，使闭环系统具有期望的特征值 $[P_1,P_2]$，线性系统特征值满足：

$$\mathrm{Det}|s\boldsymbol{I}-(\boldsymbol{A}+\boldsymbol{B}\boldsymbol{K})| = (s-P_1)(s-P_2) \tag{3.29}$$

展开式(3.29)，令对应项相等，将特征值配置问题转化为求解线性方程组的问题：

$$\left.\begin{aligned}&a_{11}+b_1k_1+a_{22}+b_2k_2 = P_1+P_2\\ &(a_{11}+b_1k_1)(a_{22}+b_2k_2)-(a_{12}+b_1k_2)(a_{21}+b_2k_1) = P_1P_2\end{aligned}\right\} \tag{3.30}$$

式(3.30)是 k_1、k_2 的线性方程，通过求解可以得到 k_1、k_2 的符号表达式，也可以用 MATLAB 的符号语言求解其表达式，表达式过于冗长，这里不再罗列。

输出 $y=\boldsymbol{C}\boldsymbol{X}$，则线化系统的控制律为

$$\Delta u = -\boldsymbol{K}(\boldsymbol{X})\Delta\boldsymbol{X} + \boldsymbol{G}\Delta w \tag{3.31}$$

式中，$\boldsymbol{G}$ 是使输出跟踪外输入指令时的前向增益，用公式 $\boldsymbol{G} = \dfrac{-1}{\boldsymbol{C}(\boldsymbol{A}-\boldsymbol{B}\boldsymbol{K})^{-1}\boldsymbol{B}}$ 可以求得。

---

① 公式中的 o_x 为苏制坐标系中尾喷管到飞机质心的距离，定义同 3.1.2 节的 l_X。

期望的特征值的选择有以下几种方法:根据飞行品质要求设计特征值;根据鲁棒性要求设计特征值。本书中取 $P_1=-1.5$、$P_2=-5$。

在纵向短周期控制的基础上,需要设计俯仰角保持模态。常规飞机的驾驶员根据某种飞行状态(水平飞行、爬升)的需要,保持俯仰角姿态,而且俯仰角保持模态是进行速度控制必需的。虽然速度控制是角运动控制的必要前提,但是没有俯仰角保持模态,在长周期运动中对速度的线性化就没有意义了。

纵向短周期运动的闭环传递函数: $X=\mathrm{inv}[sI-(A-BK)]B\times\delta_z$

$$\left.\begin{array}{l}\dfrac{\Delta\alpha(S)}{\Delta\delta_z(S)}=\dfrac{b_{11}\left\{S-\left[a_{22}+b_{21}K_{12}-(a_{12}+b_{11}K_{12})\dfrac{b_{21}}{b_{11}}\right]\right\}}{(S+P_1)(S+P_2)}\\[2ex]\dfrac{\Delta\omega_z(S)}{\Delta\delta_z(S)}=\dfrac{b_{21}\left\{S-\left[a_{11}+b_{11}K_{11}-(a_{21}+b_{21}K_{11})\dfrac{b_{11}}{b_{21}}\right]\right\}}{(S+P_1)(S+P_2)}\end{array}\right\} \quad (3.32)$$

俯仰角的传递函数为

$$\dfrac{\Delta\vartheta(S)}{\Delta\delta_z(S)}=\dfrac{b_{21}\left\{S-\left[a_{11}+b_{11}K_{11}-(a_{21}+b_{21}K_{11})\dfrac{b_{11}}{b_{21}}\right]\right\}}{S(S+P_1)(S+P_2)} \quad (3.33)$$

传递函数中极点是给定的,需要对零点和根轨迹增益进行分析。零点随迎角、速度和升降舵偏转角的变化如图 3.5、图 3.6 所示。

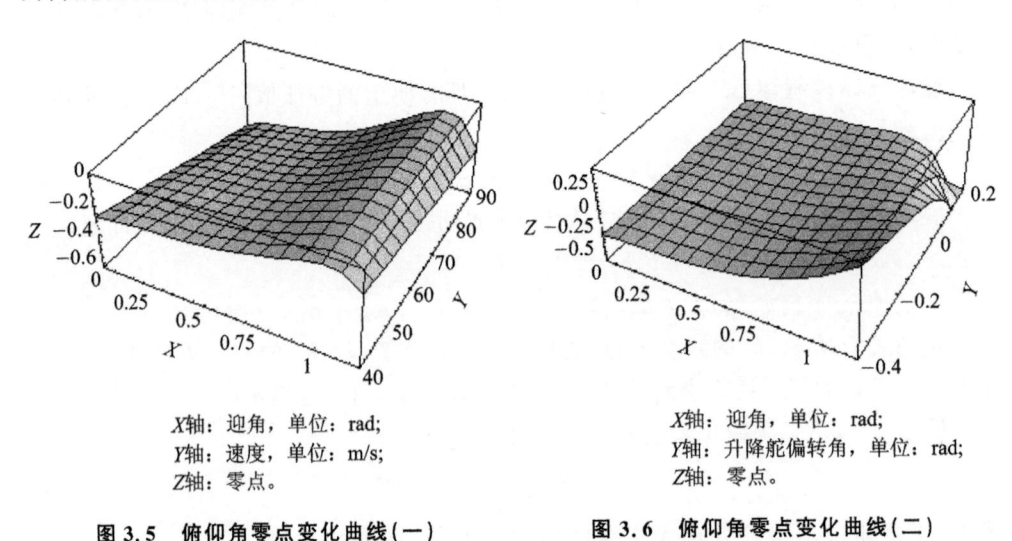

X轴:迎角,单位:rad;
Y轴:速度,单位:m/s;
Z轴:零点。

图 3.5 俯仰角零点变化曲线(一)

X轴:迎角,单位:rad;
Y轴:升降舵偏转角,单位:rad;
Z轴:零点。

图 3.6 俯仰角零点变化曲线(二)

从图 3.5 和图 3.6 可知,随着迎角的增加,零点向原点移动;在升降舵负向偏转超过某个角度时,系统就变成了非最小相位系统。显然,如果此时引入负反馈,则必然造成闭环的不稳定极点,那么就要引入正反馈了。

第3章 大迎角过失速机动的控制

下面首先分析根轨迹增益。增益随迎角、速度和水平尾翼的变化如图3.7、图3.8所示。

X轴：迎角，单位：rad;
Y轴：水平尾翼偏转角，单位：rad;
Z轴：增益。

图3.7 俯仰角根轨迹增益曲线(一)

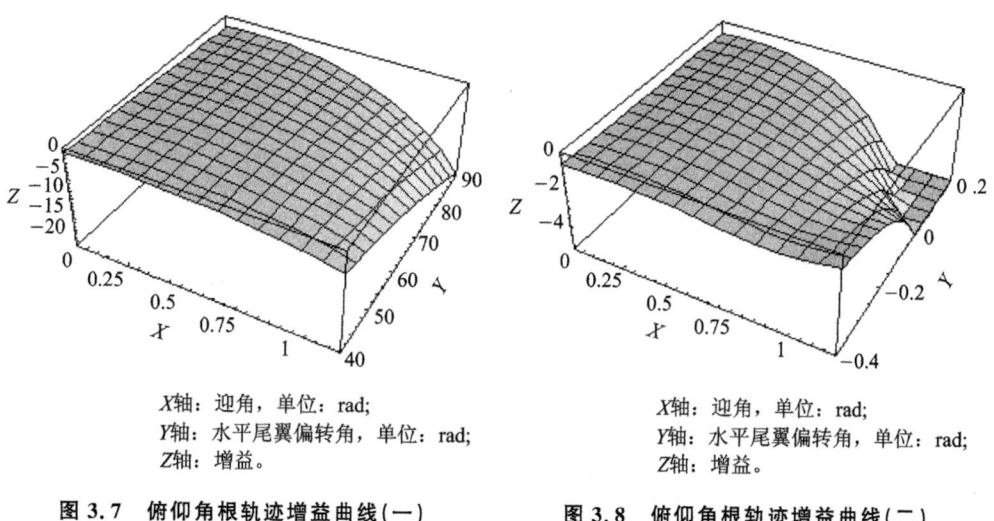

X轴：迎角，单位：rad;
Y轴：水平尾翼偏转角，单位：rad;
Z轴：增益。

图3.8 俯仰角根轨迹增益曲线(二)

其次，对于小迎角(零点-0.4，根轨迹增益1，见图3.9)和大迎角(零点-0.4，根轨迹增益-3，见图3.10)两种情况给出根轨迹。

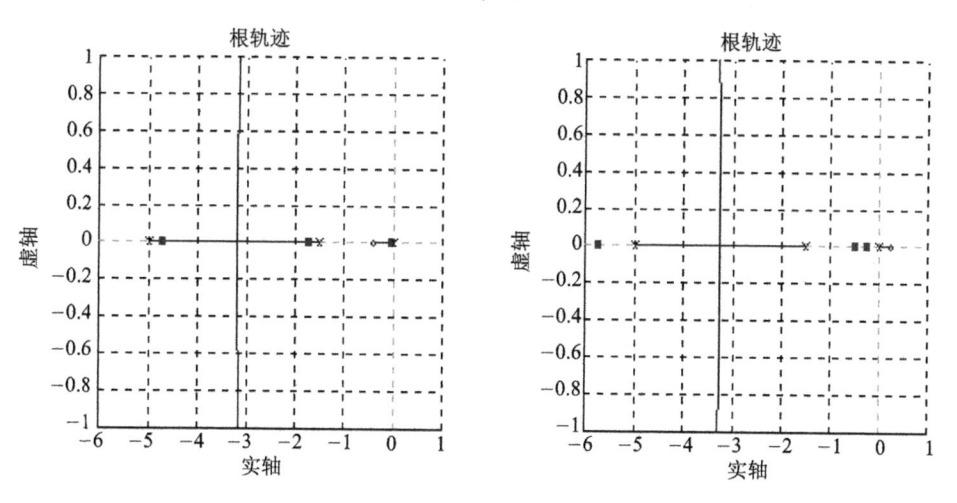

图3.9 俯仰角根轨迹曲线(一)

图3.10 俯仰角根轨迹曲线(二)

从根轨迹可知，小迎角引入负反馈时，根轨迹增益应小；若根轨迹增益较大，则影响闭环极点，增大了相应的时间常数。大迎角引入正反馈时，根轨迹增益也应小；若根轨迹增益较大，则降低了阻尼，增大了振荡的趋势。

综上所述,确定俯仰角的反馈增益为

$$K_\vartheta = -\frac{6}{5}\alpha + 1 \tag{3.34}$$

2. 横侧向运动的控制和稳定

在纵向控制增稳系统的基础上,设计侧向短周期运动。驾驶员可以操纵副翼和方向舵以及偏航推力矢量,控制侧向短周期运动。首先,设计滚转和偏航阻尼系统;其次,设计侧向增稳控制系统。

当飞机的荷兰滚模态阻尼不足时,引入偏航角速率增强荷兰滚阻尼;特别是在低速飞行、大迎角机动时,尤其要求荷兰滚模态阻尼。对于常规气动舵面的飞机,滚转惯性远小于偏航惯性,所以滚转阻尼很小。总的来讲,常规气动舵面的飞机,对滚转的控制比对偏航的控制更加灵敏,更加有效。为了弥补方向舵效益较低,可以在小迎角时就引入偏航推力矢量;这样做还可以实现解偶控制的滚转和偏航阻尼系统。

简化推力

$$P = \frac{D}{\cos\delta_{ty}\cos\alpha} \tag{3.35}$$

将推力代入偏航和滚转角速率方程得

$$\left.\begin{aligned}
\dot{\omega}_x &= \frac{1}{I_x I_y - I_{xy}^2}[I_y M_x + I_{xy}(M_y - P\sin\delta_{ty} \times ox)] \\
\dot{\omega}_y &= \frac{1}{I_x I_y - I_{xy}^2}[I_x(M_y - P\sin\delta_{ty} \times o_x) + I_{xy}M_x] \\
\dot{\omega}_x &= f_{\omega_x}(\boldsymbol{X}), \quad \dot{\omega}_y = f_{\omega_y}(\boldsymbol{X}), \quad \boldsymbol{X} = [\omega_x, \omega_y]
\end{aligned}\right\} \tag{3.36}$$

使用扩展线性化方法处理非线性方程,把得到的线性方程使用状态空间的方法进行描述。令线性方程

$$\Delta \dot{\boldsymbol{X}} = \boldsymbol{A}\Delta\boldsymbol{X} + \boldsymbol{B}\Delta\boldsymbol{U} \tag{3.37}$$

$$\boldsymbol{A} = \begin{bmatrix} \dfrac{\partial f_{\omega_x}(\boldsymbol{X})}{\partial \omega_x} & \dfrac{\partial f_{\omega_x}(\boldsymbol{X})}{\partial \omega_y} \\ \dfrac{\partial f_{\omega_y}(\boldsymbol{X})}{\partial \omega_x} & \dfrac{\partial f_{\omega_y}(\boldsymbol{X})}{\partial \omega_y} \end{bmatrix}, \quad \boldsymbol{B} = \begin{bmatrix} \dfrac{\partial f_{\omega_x}(\boldsymbol{X})}{\partial \boldsymbol{U}} \\ \dfrac{\partial f_{\omega_y}(\boldsymbol{X})}{\partial \boldsymbol{U}} \end{bmatrix}$$

侧向运动的气动舵面包括操纵副翼和方向舵以及偏航推力矢量。偏航推力矢量的控制问题实际上是控制量分配问题,将在后面一章说明,这里 $\boldsymbol{U} = [\delta_x, \delta_y]^\mathrm{T}$。

设计反馈控制律 $\Delta\boldsymbol{U} = \boldsymbol{K}\Delta\boldsymbol{X}$,是闭环系统具有期望的特征值 $[P_3, P_4]$。控制量的个数等于状态变量的个数,可以证明系统在具有期望的特征值 $[P_3, P_4]$ 的同时还可以实现其他的特性,如解偶控制。

令下列等式成立:

$$\left.\begin{aligned} a_{11}+b_{11}k_{11}+b_{12}k_{21}&=p_3\\ a_{12}+b_{11}k_{21}+b_{12}k_{22}&=0\\ a_{21}+b_{21}k_{11}+b_{22}k_{21}&=0\\ a_{22}+b_{21}k_{21}+b_{22}k_{22}&=p_4 \end{aligned}\right\} \tag{3.38}$$

求解可得到

$$\left.\begin{aligned} k_{11}&=-\frac{a_{21}b_{12}-a_{11}b_{22}+b_{22}P_3}{b_{12}b_{21}-b_{11}b_{22}}\\ k_{12}&=-\frac{-a_{22}b_{12}+a_{12}b_{22}+b_{12}P_4}{-b_{12}b_{21}+b_{11}b_{22}}\\ k_{21}&=-\frac{a_{21}b_{11}+a_{11}b_{21}-b_{21}P_3}{b_{12}b_{21}-b_{11}b_{22}}\\ k_{22}&=-\frac{-a_{22}b_{11}+a_{12}b_{21}+b_{11}P_4}{b_{12}b_{21}-b_{11}b_{22}} \end{aligned}\right\} \tag{3.39}$$

期望的特征值的选择有以下几种方法:根据飞行品质要求设计特征值;根据鲁棒性要求设计特征值。本书中取 $P_3=-5, P_4=-5$。

使用曲面图的方式给出控制律设计的结果,如图 3.11~图 3.18 所示。

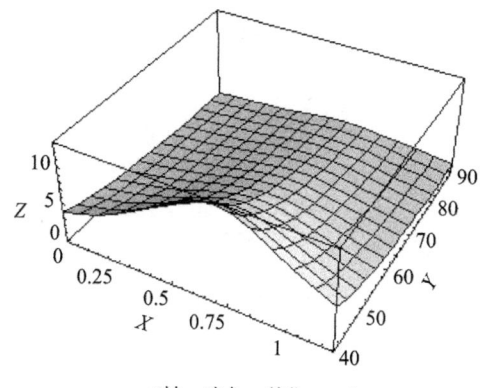

X轴:攻角,单位:rad;
Y轴:速度,单位:m/s;
Z轴:反馈系数$k_{11}(\delta y=0)$。

图 3.11 反馈系数 k_{11} 变化曲线(一)

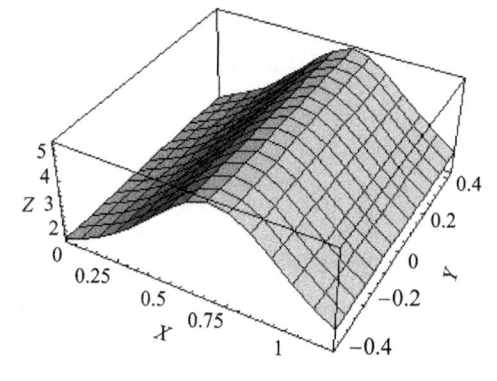

X轴:攻角,单位:rad;
Y轴:方向舵偏转角,单位:rad;
Z轴:反馈系数$k_{11}(V=60\text{ m/s})$。

图 3.12 反馈系数 k_{11} 变化曲线(二)

航向增稳系统是在侧向短周期阻尼系统的基础上设计的,假设侧滑角很小。

$$\left.\begin{aligned} \dot{\beta}&=-\frac{1}{mV}(-P\sin\delta_{ty}\cos\beta+Z\cos\beta)+\omega_x\sin\alpha+\omega_y\cos\alpha+\frac{g}{V}(\cos\beta\sin\gamma\cos\vartheta)\\ \Delta\dot{\beta}&=\frac{\partial f_\beta}{\partial\beta}\Delta\beta+\frac{\partial f_\beta}{\partial\omega_x}\Delta\omega_x+\frac{\partial f_\beta}{\partial\omega_y}\Delta\omega_y+\frac{\partial f_\beta}{\partial\delta_y}\Delta\delta_y\\ \frac{\partial f_\beta}{\partial\omega_x}&=\sin\alpha,\quad\frac{\partial f_\beta}{\partial\omega_y}=\cos\alpha \end{aligned}\right\}$$

$$\tag{3.40}$$

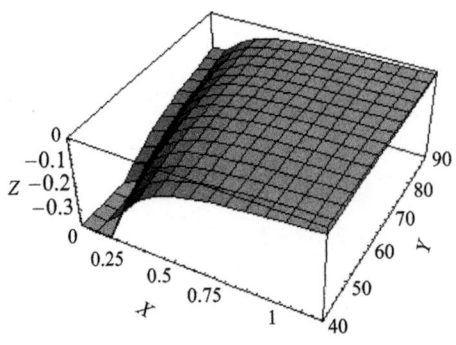

X轴：攻角，单位：rad；
Y轴：速度，单位：m/s；
Z轴：反馈系数$k_{12}(\delta_y=0)$。

图 3.13　反馈系数 k_{12} 变化曲线（一）

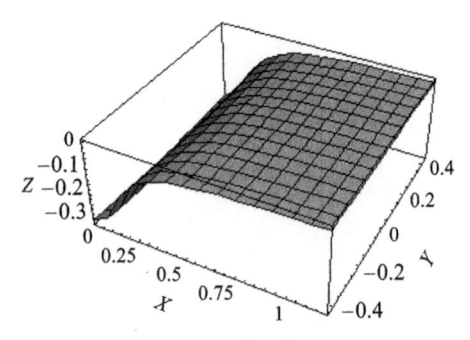

X轴：攻角，单位：rad；
Y轴：方向舵偏转角，单位：rad；
Z轴：反馈系数$k_{12}(V=60\text{ m/s})$。

图 3.14　反馈系数 k_{12} 变化曲线（二）

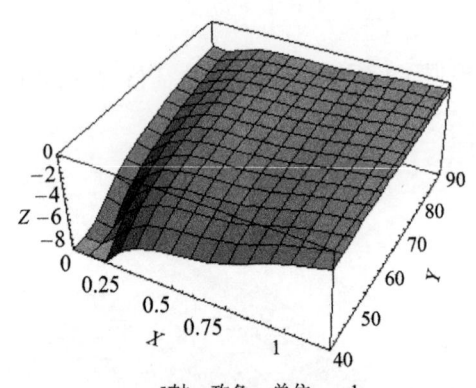

X轴：攻角，单位：rad；
Y轴：速度，单位：m/s；
Z轴：反馈系数$k_{21}(\delta_y=0)$。

图 3.15　反馈系数 k_{21} 变化曲线（一）

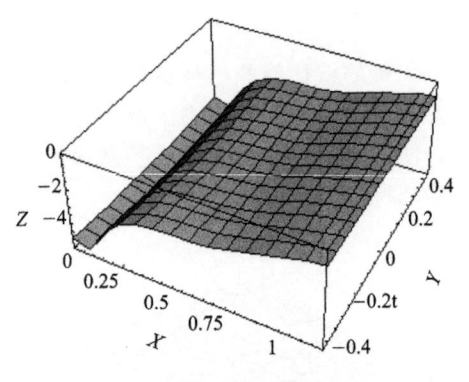

X轴：攻角，单位：rad；
Y轴：方向舵偏转角，单位：rad；
Z轴：反馈系数$k_{21}(V=60\text{ m/s})$。

图 3.16　反馈系数 k_{21} 变化曲线（二）

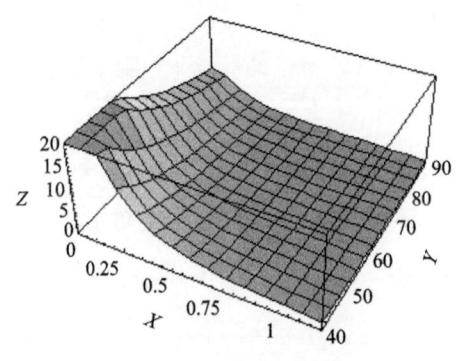

X轴：攻角，单位：rad；
Y轴：速度，单位：m/s；
Z轴：反馈系数$k_{22}(\delta_y=0)$。

图 3.17　反馈系数 k_{22} 变化曲线（一）

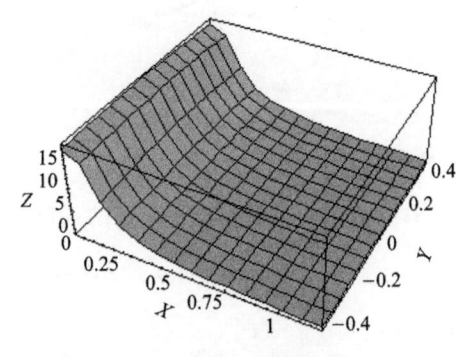

X轴：攻角，单位：rad；
Y轴：方向舵偏转角，单位：rad；
Z轴：反馈系数$k_{22}(V=60\text{ m/s})$。

图 3.18　反馈系数 k_{22} 变化曲线（二）

令 $\Delta\omega_x = U\sin\alpha$，$\Delta\omega_y = U\cos\alpha$，这里可以使用偏航推力矢量实现控制

$$\Delta\dot{\beta} = \frac{\partial f_\beta}{\partial \beta}\Delta\beta + U \tag{3.41}$$

引入反馈 $U = k_\beta \Delta\beta$，使航向稳定系统的极点配置于 P_5，这里取 -1.5。

3. 飞行轨迹跟踪和速度控制

前两节对纵向和侧向短周期运动进行了设计,且在此基础上设计轨迹回路指令跟踪器。确切地讲,战斗机在执行战斗任务的时候,不会使用轨迹回路指令跟踪器,因为它完成轨迹跟踪的时间长,而且战斗机做机动动作也不需要对轨迹进行跟踪。飞机驾驶员需要知道的是从空间的一个战斗位置快速地转移到另外一个战斗位置,飞机需要做什么机动动作。

传统的轨迹回路指令跟踪器有两种设计方法:根据纵向和侧向的过载,保持高度和航向,这是线性的设计方法;根据轨迹指令(速度、航迹倾角、航迹偏航角),使用牛顿迭代法或者其他的优化算法,求解关于速度、航迹倾角、航迹偏航角的非线性方程组,得到迎角和侧滑角指令,这是非线性优化的设计方法。以非线性优化的设计方法中的牛顿迭代法为例,关于速度、航迹倾角、航迹偏航角的非线性方程组是不可以映射的,牛顿迭代法只是做了一阶近似,而且用来迭代的控制矩阵是用广义逆计算出来的;于是,算法的收敛性无法保证。再者,牛顿迭代法的精度不会高于线性的设计方法。

综上所述,轨迹回路指令跟踪器对于战斗机是不合适的,准确地应该称为机动指令生成器和机动指令跟踪器。机动指令生成器可以根据当前的飞行状态,寻优计算出从空间的一个战斗位置快速地转移到另外一个战斗位置,飞机需要做什么机动动作。机动指令跟踪器可以当前的飞行状态,将机动指令结算为迎角、侧滑角、绕速度矢量的滚转角和油门控制上,正确地实现该机动动作。机动指令生成器不是本书要讨论的内容,这里只讨论机动指令跟踪器的设计,而且只讨论过失速机动指令跟踪器的设计。

过失速机动指令跟踪器的一个重要功能就是跟踪机动指令的速度。传统飞机实现速度控制有两种方案:通过控制升降舵,改变俯仰角控制速度;控制油门杆的位移,改变发动机推力达到速度控制。对于过失速机动来说,这两种方案都不可取,原因是即使关闭油门,达到减速目的,但至少需要 12 s。仿真说明,过失速机动指令跟踪器的速度控制应该使用智能控制算法。这里给出一个综合线性算法。

速度方程

$$\left.\begin{aligned}\dot{V} &= \frac{1}{m}(p_x\cos\alpha - p_y\sin\alpha - D) - g\sin(\vartheta - \alpha) \\ \Delta\dot{V} &= \frac{\partial f_v(\cdot)}{\partial V}\Delta V + \frac{\partial f_v(\cdot)}{\partial \alpha}\Delta\alpha + \frac{\partial f_v(\cdot)}{\partial \vartheta}\Delta\vartheta + \frac{\partial f_v(\cdot)}{\partial \delta_z}\Delta\delta_z + \frac{\partial f_v(\cdot)}{\partial P}\Delta P\end{aligned}\right\}$$

$$\tag{3.42}$$

分两种情况给出速度控制算法。

【算法一】 使用闭环油门控制,适用于速度变化缓慢、迎角变化不大的情况。由于舵面的控制效益在低速大迎角时很低,所以不考虑舵面的作用,同时也不考虑俯仰角的影响。

$$\Delta \dot{V} = \frac{\partial f_v(\cdot)}{\partial V}\Delta V + \frac{\partial f_v(\cdot)}{\partial \alpha}\Delta \alpha + \frac{\partial f_v(\cdot)}{\partial P}\Delta P \qquad (3.43)$$

从迎角方程,取当前飞行状态为水平直线飞行,$\vartheta = \alpha$、$\beta = 0$:

$$\left. \begin{aligned} \dot{\alpha} &= -\frac{1}{mV\cos\beta}(P_x\sin\alpha + P_y\cos\alpha + L) + \bar{\omega}_z - \tan\beta(\bar{\omega}_x\cos\alpha - \omega_y\sin\alpha) + \\ &\quad \frac{g}{V\cos\beta}(\sin\alpha\sin\vartheta + \cos\alpha\cos\vartheta\cos\gamma) \\ \Delta\dot{\alpha} &= \frac{\partial f_\alpha(\cdot)}{\partial V}\Delta V + \frac{\partial f_\alpha(\cdot)}{\partial \alpha}\Delta \alpha + \frac{\partial f_\alpha(\cdot)}{\partial P}\Delta P \end{aligned} \right\} \qquad (3.44)$$

如果把上式直接代入速度的线性化方程,则计算参数比较复杂,需要用鲁棒控制的方法进行设计。

简单的:

$$\Delta \dot{V} = \frac{\partial f_v(\cdot)}{\partial V}\Delta V + \frac{\partial f_v(\cdot)}{\partial P}\Delta P \qquad (3.45)$$

设计控制律 $\Delta P = k_v \Delta V$,配置期望的极点 P_v,这里取 -0.5,则

$$k_v = \frac{P_v - \dfrac{\partial f_v(\cdot)}{\partial V}}{\dfrac{\partial f_v(\cdot)}{\partial P}} \qquad (3.46)$$

【算法二】 利用迎角控制速度。根据气动数据的分析可知,正是由于大迎角的阻力性质导致了速度的快速降低。仿真说明,当且仅当接近失速迎角的时候才是速度下降最快的时候。利用迎角控制速度,就是要利用推力矢量控制飞机进入大迎角飞行状态。

$$\Delta \dot{V} = \frac{\partial f_v(\cdot)}{\partial V}\Delta V + \frac{\partial f_v(\cdot)}{\partial \alpha}\Delta \alpha \qquad (3.47)$$

设计控制律 $\Delta \alpha = k_v \Delta V$,配置期望的极点 P_v,这里取 -0.5,则

$$k_v = \frac{P_v - \dfrac{\partial f_v(\cdot)}{\partial V}}{\dfrac{\partial f_v(\cdot)}{\partial \alpha}} \qquad (3.48)$$

实际使用的时候还需要对控制律进行限制,进行控制律剪裁。$[\bar{V} \quad \bar{\alpha}]$是工作点上的速度和迎角,建立它们之间的函数关系 $\bar{\alpha} = f_{\bar{\alpha}}(\bar{V})$。设计速度指令模型为一阶

环节,制定它的时间常数 T;T 的选择要保证在 $4T$ 的时间内,速度可以完成跟踪。

确定控制律

$$\Delta\alpha = \begin{cases} k_v \Delta V, & \Delta\alpha + f_{\bar{\alpha}}(V) < f_{\bar{\alpha}}(V_c) \\ f_{\bar{\alpha}}(V_c) - f_{\bar{\alpha}}(V), & \Delta\alpha + f_{\bar{\alpha}}(V) \geqslant f_{\bar{\alpha}}(V_c) \end{cases} \quad (3.49)$$

在仿真的时候根据不同的飞行状态,采用不同的控制律。当飞机在小迎角进入机动时,采用油门控制速度;当检测到速度指令与实际飞行速度的偏差增长大于某个门限值的时候,采用迎角控制速度;在接近失速迎角的时候,直接给出期望工作点上的迎角。

4. 扩展线性化控制律的实现

尽管使用了简化的方程进行控制律设计,但非线性系统控制律设计的过程十分繁琐复杂。可以说,大部分方程是没有精确解的,数值计算的方法是处理非线性问题的有效手段。

在推导控制律的过程中,使用了数值符号分析方法。在 Mathematica 平台上,通过符号推导,计算出方程的显示解,得到的反馈控制律是复杂的多变量函数。以纵向短周期为例,它的控制律是速度、迎角、升降舵偏角的函数,$K = f(\alpha, \delta_z, V)$。这样的函数太复杂了,不能直接下载到 MATLAB 空间中或者实际的飞控系统中,因此需要对它进行数值简化,或者称之为控制律降阶。

通过泰勒级数的方法在某个点展开 $K = f(\alpha, \delta_z, V)$,略去高阶量的方法证明是不可取的。根据泰勒级数收敛性定律,很容易证明当迎角趋于 1 rad 时,级数不收敛。

这里提供两个方法。

【方法一】 分析 $K = f(\alpha, \delta_z, V)$ 曲线,找到曲线的特征点(极值点、拐点等),根据特征点确定空间三组平行直线: $\alpha = \alpha_i, \delta_z = \delta_{zj}, V = V_k, i = 1, 2, \cdots, u, j = 1, 2, \cdots, v, k = 1, 2, \cdots, w$。

这些直线构成空间网格,覆盖整个四维空间。在网格线交点(结点)上,计算 $K_{(i,j,k)} = f(\alpha_i, \delta_{zj}, V_k)$,形成关于 (α, δ_z, V) 变量的三维数表,然后下载到实际的控制律中。在使用控制律的时候,采用三元函数插值的方法,重现控制律。

【方法二】 使用函数 $p(\alpha, \delta_z, V)$ 去近似一个给定区间上的连续函数 $K = f(\alpha, \delta_z, V)$,即最佳平方逼近。

3.2.3 带有推力矢量的战斗机的控制分配

传统线性飞机的设计思想是一个操纵面对应一种转动自由度。通常是副翼控制滚转,方向舵控制偏航,升降舵控制俯仰等。纵向控制与横侧向控制是解耦的,纵向控制独立于偏航和滚转。副翼和方向舵的作用是耦合的,所以横侧向控制一般是耦合的。

现代先进战斗机有多于三个的操纵面,例如 F-18。附加的操纵面是独立工作的,例如推力矢量、鸭翼、升降副翼等。在先进的大迎角验证机上,有 13 个或者更多的独立运动操纵面,例如前缘襟翼、后缘襟翼、左右方向舵等。这些操纵面会受到几何和气动力因素的限制。对于配平位置,限制一般是不对称的。先进战斗机具有了冗余操纵面,大大增加了控制的裕度和能力,但打破了传统控制——对应的局面,因此,在现代先进战斗机的控制方面,控制分配成为不可或缺的技术手段。

带有限制的控制量分配问题定义为:给定控制效率矩阵 B、有界控制量集合 Ω 和期望的转矩向量 m_d,确定控制向量 $u \in \Omega$,即确定出可以产生 m_d 的 u。有多种方案处理分配问题。

(1) 广义逆法

伪逆是广义逆的特例,也是常用的方法。在满足 $Bu = m_d$ 和 $u \in \Omega$ 的可达解集 U_d 中,求 U_d 并使 U_d 的范数最小。当然,对于不同的特定情况,可以选择不同的广义逆。

(2) 伪控制法

在早期公式化的伪控制法中,假设伪控制是单纯模态控制器。现在,伪控制用来产生稳定轴运动而不是某种运动模态。经过一些处理,伪控制成为需要控制运动的系数。

(3) Daisy-Chaining 法

将操纵面分解成若干组,任意一组可以产生所期望的力矩。首先使用某组操纵面响应期望的力矩,如果出现饱和,依次使用下一组。缺点是受到操纵面最大偏转速率的限制。

以上的方案并不能取得可达集中的所有控制。对于要求机动性的场合,选择的原则应该是:确定 $u \in \Omega$,它产生的力矩在期望转矩的方向上取得极大幅值。这就是直接几何法。在控制维数较高的时候,标准的线性规划描述更加适用。

本书使用复合分配方案,假设 $\boldsymbol{\Phi}$ 是 Ω 在转矩向量空间的影射。如果 $m_d \in \boldsymbol{\Phi}$,实施伪逆法分配原则,具体的:$u = B^{(1,2,4)} m_b = B^H (BB^H)^{(1)} m_b$,物理意义在于操纵面能量要求最小。反之,如果 $m_d \in \boldsymbol{\Phi}$ 不成立,实施直接几何分配方案。特殊的,如果在前者情况下无法形成伪逆,则使用 Daisy-Chaining 控制。

另一种途径是根据不同的飞行任务,指定不同的操纵面组合,直接进行控制律设计。为了避免操纵面轻易进入饱和,应限制控制回路的带宽,增加响应延迟时间。

未来操纵面控制技术的发展方向是基于主动控制设计的主动柔性机翼控制技术。希望翼面的偏转可以使作用的气动力和扭矩保持在期望的最优设计范围以内。

1. 襟翼控制

战斗机的襟翼一般分为前缘襟翼 δ_{lf} 和后缘襟翼 δ_{tf},有的还分为内外两段。安装襟翼的目的是改变升力和阻力。

后缘襟翼向后下偏转或者向后下移动,增大了机翼的弯度和机翼弦长,从而提高了升力。为了给上表面气流输入能量,并使气流的分离延缓到较大的迎角,机翼与襟翼的结合部会有开缝。从结构上看,前缘襟翼也可以增大机翼的弯度和机翼弦长,提高后缘襟翼的效能。同时放下前、后缘襟翼,会减小附加机翼力矩。在低速时,两者同时被作为增升手段。因为,前缘襟翼 δ_{lf} 和后缘襟翼 δ_{tf} 接近质心,所以可以近似地认为不会产生俯仰力矩,同时也不会产生滚转和偏航力矩。

在第 3 代飞机中,襟翼控制的方法简单地分为三级:0°、15°、30°。现代飞机进行襟翼控制的目标是根据实际的飞行状态自动连续地调节襟翼。所以,应根据大迎角下需要补偿飞机升力的目标,设计襟翼控制律。

以前缘襟翼为例,设已经得到了襟翼升力系数拟合曲线 $C_{ydlf}=C_y(\alpha,\delta_{lf})$。

控制目标:对于给定迎角 $\bar{\alpha}$ 和控制效率 $C_{ydlf}=C_y(\alpha,\delta_{lf})$ 以及有界控制量集合 Ω 确定控制向量 $\bar{\delta}_{lf}\in\Omega$ 并且有 $C_y(\bar{\alpha},\bar{\delta}_{lf})=\max\{C_y(\alpha,\delta_{lf})\}$。

求解 $C_y(\bar{\alpha},\bar{\delta}_{lf})=\max\{C_y(\alpha,\delta_{lf})\}$ 问题等价于闭区间上多变量极值问题,也就是求解方程:

$$\frac{\partial C_y(\alpha,\delta_{lf})}{\partial \alpha}=0, \quad \frac{\partial^2 C_y(\alpha,\delta_{lf})}{\partial \alpha^2}\leqslant 0, \quad \delta_{if}\in\Omega_{lf} \tag{3.50}$$

结果简化后,得到关于迎角的曲线 $\delta_{lf}=\delta_{lf}(\alpha)$。

在图 3.19 中,曲线 1 表示从升力曲线解算出的前缘襟翼控制律;曲线 2 表示襟翼偏转最大角度;曲线 3 表示实际简化后得到的控制律。

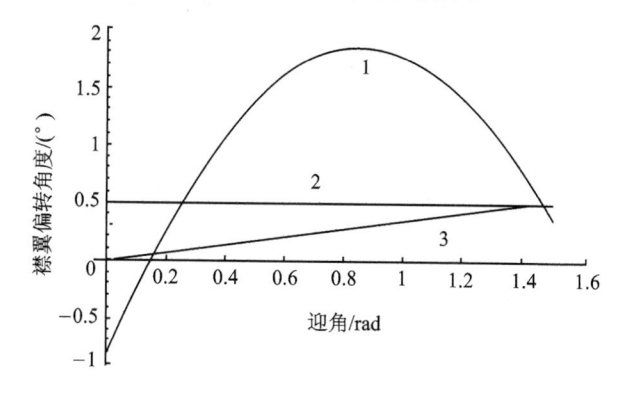

图 3.19 前缘襟翼控制曲线

如果按照曲线 1 控制襟翼,那么在小迎角时,襟翼就进入饱和了。

简化后得到的前缘襟翼控制律为

$$\delta_{lf}=\begin{cases}0, & \alpha<\alpha_0 \\ 0.52(\alpha-\alpha_0), & \alpha_0\leqslant\alpha\leqslant\alpha_0+1 \\ 0.52, & \alpha>\alpha_0+1\end{cases} \tag{3.51}$$

α_0 的选择应该考虑到马赫数的影响。简单起见,令 $\alpha_0=0$。

后缘襟翼的控制不再讨论,直接给出简化后得到的控制律:

$$\delta_{tf} = \begin{cases} 0.52, & \alpha < \alpha_0 \\ -0.52(\alpha-1), & \alpha_0 \leqslant \alpha \leqslant \alpha_0+1 \\ 0, & \alpha > \alpha_0+1 \end{cases} \quad (3.52)$$

2. 推力矢量控制

由于常规气动舵面的效益随着迎角的增大变得很微弱了,因而推力矢量成为大迎角飞行状态时主要的控制舵面。在进入大迎角飞行状态时,需要直接使用推力矢量补偿常规气动舵面控制效益的降低。根据实际的控制要求,构造俯仰推力矢量控制律:

$$\delta_{tz} = \delta_z \alpha \quad (3.53)$$

控制律兼顾了小迎角和大迎角的飞行控制要求:首先俯仰推力矢量随升降舵的指令变化;其次,使用迎角作为加权系数,随着迎角的增大,推力矢量在俯仰控制中所占的比例增大。

升降舵实际产生的力和力矩除了受迎角影响以外,还受高度(空气密度)和马赫数(动压)的制约。而推力矢量基本与以上这些因素无关,可以不考虑速度和高度的加权。

下面给出一组飞机配平飞行的数据,比较使用推力矢量和不使用推力矢量的不同之处(见表3.2)。

表 3.2 配平结果

状 态	$V/(\text{m} \cdot \text{s}^{-1})$	α/rad	不使用推力矢量			使用推力矢量		
			P/kg	δ_z/rad	δ_{tz}/rad	P/kg	δ_z/rad	δ_{tz}/rad
1	90	0.169 86	2 073.02	0.078 55	0	2 076.9	−0.033 1	−0.005 6
2	70	0.303 58	3 951.14	0.136 64	0	3 979.9	0.101 1	0.030 7
3	50	0.674 08	7 709.33	0.152 06	0	7 800	0.022 4	0.015 1
4	45	1.103 03	无解		0	12 962	0.074 55	0.082 2

从数据分析看出,低速飞行时飞机的配平迎角都较大,而且随着速度的降低,配平迎角增大的趋势越来越强,需要的推力越来越大。如果不使用推力矢量,则升降舵偏转角随迎角的增大而增大并接近饱和;而且,在很大迎角时,纵向控制完全失效,即不可能仅使用常规气动舵面进行过失速机动。如果使用推力矢量,则升降舵和推力矢量的偏转角都较小,可用控制效益保证控制的稳定性。在采用俯仰推力矢量控制技术后,飞机飞行包线从小迎角向大迎角扩展。

偏航推力矢量主要用来弥补飞机在大迎角下方向舵气动效益的降低,构造偏航推力矢量控制律,使偏航推力矢量偏转角跟随方向舵的指令变化:

$$\delta_{ty} = \delta_y \quad (3.54)$$

对于传统的飞机,横侧向是不稳定的;而在大迎角下,横侧的不稳定性更加严重。根据风洞实验和实际试飞可知,当迎角小于30°时,流过飞机表面的气流是对称流态,无侧向力存在;当迎角大于30°时,对称流态变成了不对称流态,存在多稳态侧向力;迎角继续增大,当迎角大于 70°时,侧向力消失。通过两条途径,解决气流的分叉现象:其一,改变机头气动外形,加边条;其二,设计鲁棒性的横侧向控制律,并考虑对侧滑角的补偿,因为多数机动动作要求无侧滑。

与俯仰推力矢量不同,偏航推力矢量没有附加迎角或者侧滑角的权值。这是因为:首先,飞机的滚转转动惯量远小于偏航转动惯量,操纵时飞行员会感觉到滚转控制很灵敏而偏航控制很迟钝,实际上是偏航控制效益相对较低;其次,多数飞行任务对侧滑角的要求是越小越好,侧滑角的权值毫无意义;第三,过失速机动需要飞机绕速度轴而不是机体轴滚转,在大迎角下飞行时,这样的操纵主要是通过于偏航控制完成的。

3.2.4 过失速机动仿真

选取 Herbst 机动为仿真对象,机动轨迹如图 3.20 所示。

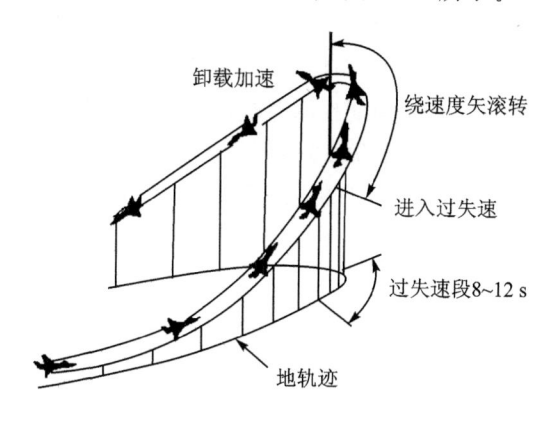

图 3.20 Herbst 机动

过失速机动的特点:
① 迎角远大于失速迎角;
② 俯仰角速率高;
③ 绕速度轴而不是机体轴转动,转动角速率大。

由于存在翼型动态失速特性,实际发生失速的迎角远大于静态失速迎角。机翼的动态失速特性也对力和力矩迟滞特性有较大的影响。

过失速机动围绕速度轴滚转,可以避免大迎角下的运动耦合。飞机绕机体轴滚转时,较大的迎角将转化为侧滑角。过失速机动围绕速度轴滚转是通过将绕速度轴滚转角速度分解为绕机体轴的滚转完成的。

当 $\beta=0$ 且 $\dot{\alpha}=0$ 时,以下关系成立:

$$\left.\begin{aligned}\dot{\mu} &= \omega_x \cos\alpha - \omega_y \sin\alpha \\ \dot{\psi}_q &= \omega_x \sin\alpha + \omega_y \cos\alpha \\ \dot{\theta}_q &= \omega_z\end{aligned}\right\} \quad (3.55)$$

令 $\omega_x = \dot{\mu}\cos\alpha, \omega_y = -\dot{\mu}\sin\alpha$，可以实现无侧滑围绕速度轴滚转运动。分析它们的关系发现，绕速度轴滚转速度一定的前提下，迎角较小时，对机体轴滚转控制力矩需求较大；随着迎角增大，对偏航力矩要求增加。另外俯仰力矩分析表明，绕速度轴滚转会产生抬头力矩，因此需要通过纵向控制稳定迎角。

Herbst 机动的初始飞行状态：飞机水平直线飞行，高度 1 000～11 000 m，马赫数 0.2～0.3。

Herbst 机动的操纵方法：首先控制指令使迎角增大，进入过失速飞行包线；保持大迎角，控制飞机绕速度矢量左滚 150°左右；飞机完成 180°航向改变，退出过失速飞行包线，改平飞行。

完成 Herbst 机动，需要 15～20 s 时间。图 3.21～图 3.25 中的曲线给出整个仿真的结果。

仿真过程是，飞机在初始时刻保持平飞，速度 90 m/s，迎角 0.169 6 rad。首先，控制速度指令使速度下降为 45 m/s，速度指令跟踪器会自动根据实际的飞行状态，解算出推力和迎角指令。纵向短周期控制器根据输入的迎角指令，控制飞机进入大迎角飞行状态；这个指令完成时，迎角的大小决定于速度指令。然后，保持该迎角，控制飞机绕速度矢量向左滚转 90°。当飞机的航迹偏航角改变 180°时，绕速度矢量滚转结束，控制速度指令恢复到 90 m/s，控制飞机姿态，保持飞行航迹，使飞机重新进入平飞状态。

飞行轨迹与飞行状态参数见图 3.21～图 3.25。

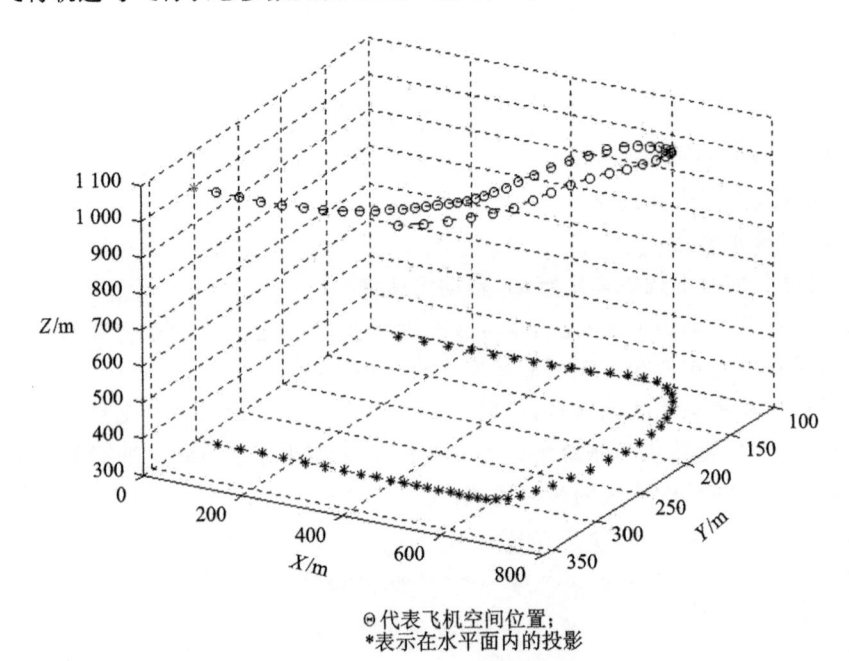

⊖代表飞机空间位置；
*表示在水平面内的投影

图 3.21 Herbst 机动轨迹图

第 3 章 大迎角过失速机动的控制

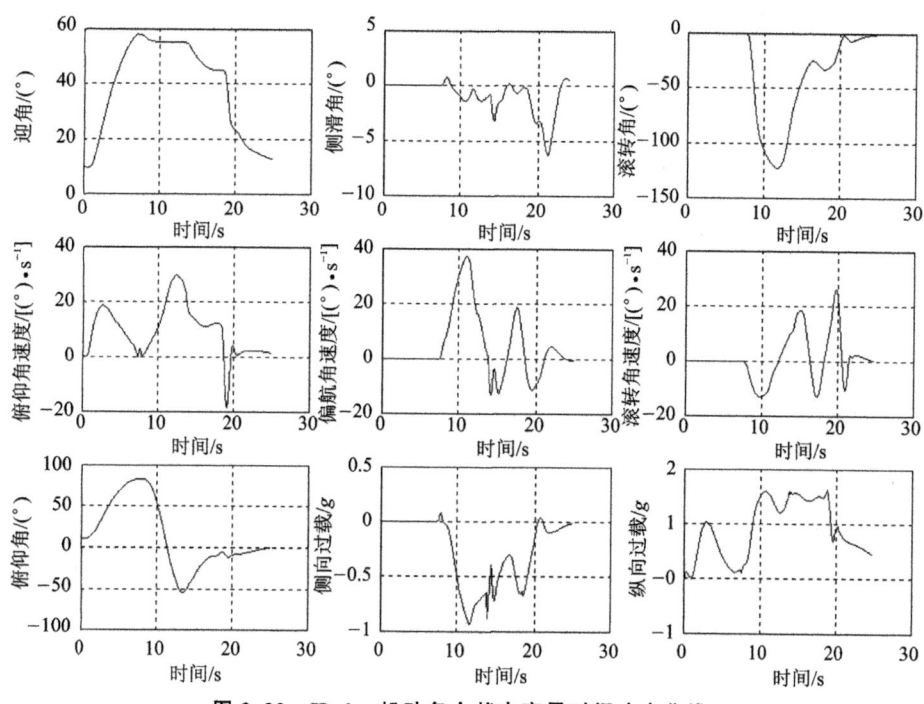

图 3.22 Herbst 机动各个状态变量时间响应曲线(1)

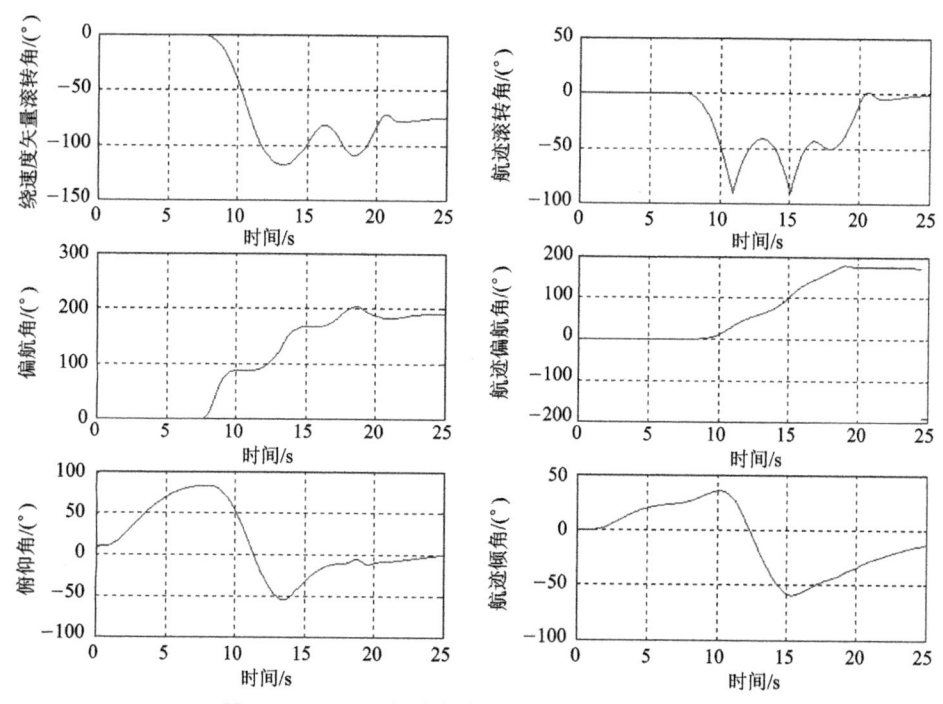

图 3.23 Herbst 机动各个状态变量时间响应曲线(2)

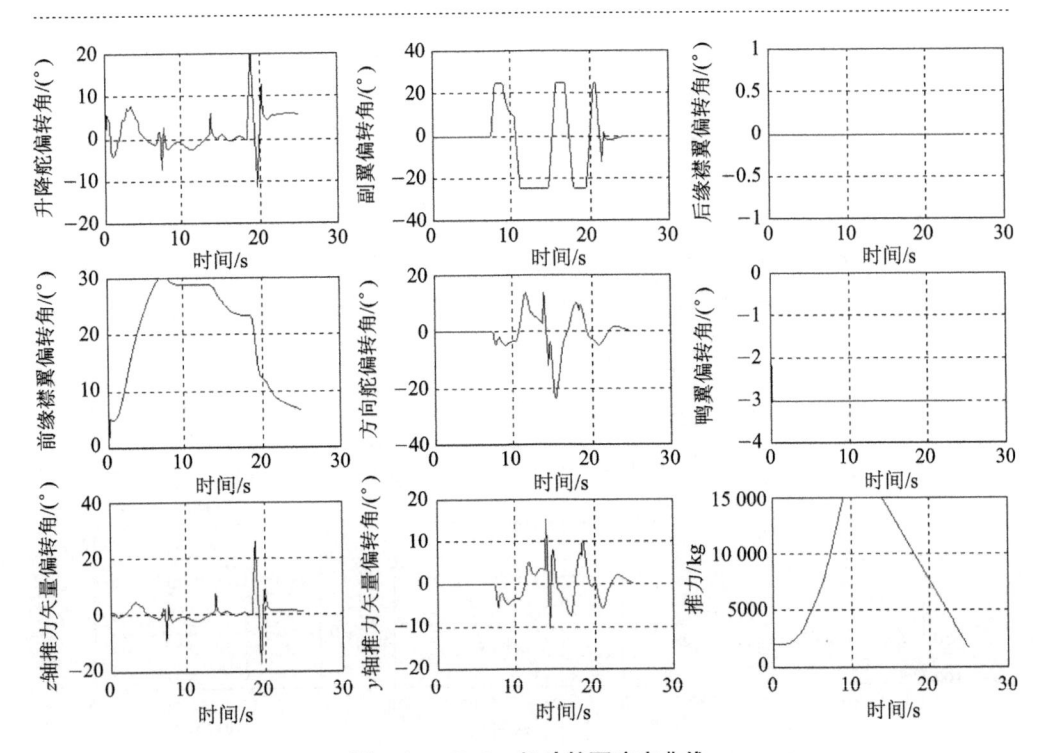

图 3.24 Herbst 机动舵面响应曲线

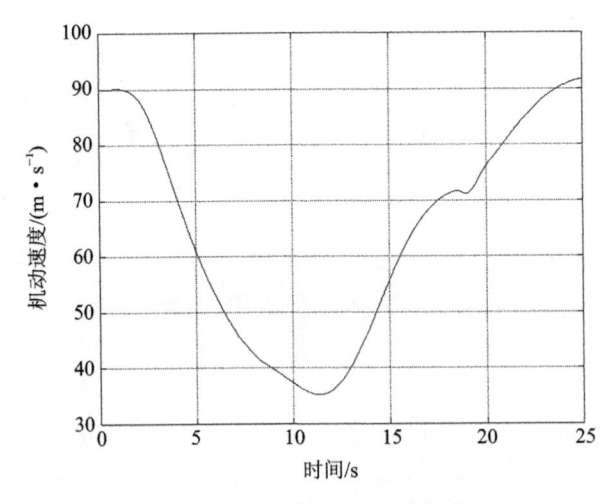

图 3.25 Herbst 机动速度曲线

分析仿真曲线可知,因为进入失速迎角,速度快速减小,随着飞机进入负的航迹倾角,飞机的速度又逐渐增大。在小半径转弯飞行时,为了能够使飞机保持较低的速度,飞机在绕速度指令滚转之前具有一定的航迹倾角是必要的。

飞机迎角最高达 60°,在飞机绕速度指令滚转的过程中,保持在 60°附近,绕速度矢量滚转指令结束前,迎角略有减小是速度增大的结果。

在飞行中,侧滑角基本保持在 $1°\sim -1.5°$ 之间;20 s 左右时,侧滑角较大,因为机动结束时,纵向的迎角指令和侧向的姿态、航迹指令同时给出,造成了纵向和侧向的运动耦合。所以,只要纵向指令和侧向指令不会同时变化,就基本可以实现无侧滑飞行;纵向指令和侧向指令在一定范围内同时变化,也可以进行稳定操纵。

飞机在低速、大迎角飞行状态时,气动舵面的控制效益降低了,副翼控制饱和;使用俯仰和偏航推力矢量,水平尾翼和方向舵控制没有饱和,这是实现过失速机动稳定操纵的前提条件。

由于没有滚转推力矢量,副翼控制饱和;在大迎角时,绕速度矢量的滚转机动受到滚转力矩不足的限制。为了保证稳定操纵,必须限制绕速度矢量最大滚转角速度;同时,随着绕速度矢量最大滚转角速度的降低,导致飞机不能十分迅速地绕速度矢量滚转,使过失速机动全过程完成的时间增加了,转弯半径增大了,而且会出现较大的侧滑角。

在机动过程中,发动机推力受到速度指令跟踪器和纵向短周期控制器的控制。在机动开始和结束时,发动机都没有处于最大推力状态;在飞机绕速度矢量滚转的前期,发动机处于最大推力状态。

绕速度矢量滚转角是机体角速度、迎角变化和侧滑角变化在速度坐标系上投影积分的结果。由于速度坐标系在机动过程中不断地变化,当退出机动时,绕速度矢量反向滚转指令与机动开始时绕速度矢量的滚转指令不相等,指令的大小依赖实际飞行的状态。

3.3 一种基于动态逆控制的飞控系统设计

3.3.1 动态逆控制的概念

常规的动态逆方法是基于对象模型的非线性控制设计方法,对于仿射非线性系统行之有效。动态逆方法的实质为利用控制矩阵的逆进行非线性状态反馈,将仿射非线性系统转换为线性解耦结构,进而可以使用常规的线性方法进行系统控制设计。

非线性控制系统的基本构型如下:

$$\left.\begin{array}{l}\dot{x}=f(x)+g(x)u\\ y=x\end{array}\right\} \quad (3.56)$$

设计控制输入 u:

$$u=g^{-1}(x)[-f(x)+\dot{x}_d] \quad (3.57)$$

式中,$\dot{x}_d$ 为期望的动态过程,于是闭环系统变为如下形式:

$$\dot{x}=f(x)+g(x)\{g^{-1}(x)[-f(x)+\dot{x}_d]\}=\dot{x}_d \quad (3.58)$$

此时,非线性控制系统转换为线性形式,可以利用线性系统方法与概念进行设计。以参考模型设计方法为例，令期望的系统动态过程如下：

$$\dot{x}_d = Ax_d + Bv \tag{3.59}$$

式中，A、B 为参考模型动态矩阵，v 为控制量，于是闭环系统可以获得同参考模型相同的动态响应过程。动态逆控制系统的一般结构如图 3.26 所示。

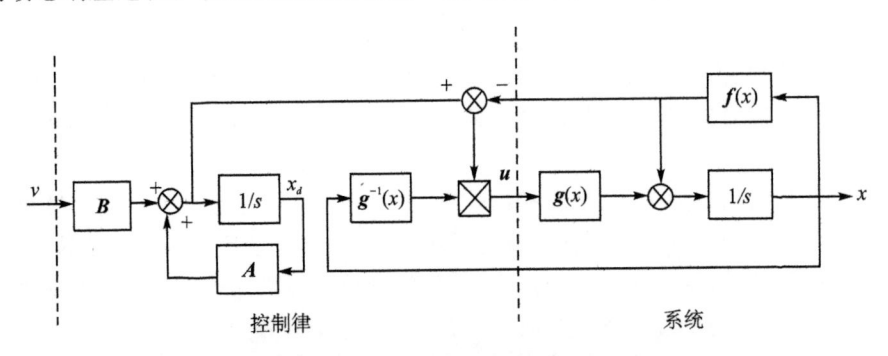

图 3.26 动态逆控制系统结构

这里提供一种新的基于力矩控制逆模型的动态逆控制方法，以第 2 章中所搭建的战斗机非线性模型作为研究对象，进行非线性控制器设计及仿真验证。针对大迎角飞行具有的非线性、非定常气流特性，使用神经网络来搭建气动舵面力矩控制的精确逆模型，进而利用动态逆方法实现飞机角速度控制内环的设计。外环设计时，推导不同控制构型下的解耦方案，使之转化为与控制内环相对应的解耦控制结构，再结合参考模型设计给出满足机动性能要求的控制指令。在研究控制分配问题时，使用基于力矩补偿的控制分配方案，实现大迎角飞行中需要的常规气动舵面和推力矢量的有序切换和协同工作。

3.3.2 基于力矩补偿的控制分配设计

随着现代战斗机多气动操纵面布局的提出以及推力矢量的应用，控制分配技术的研究也逐步深入[41-42]。使用控制分配方案的优势在于，其无需针对不同操纵面单独设计控制律，只需要关心使用何种原则进行操纵面控制分配，以达到给定的控制需求，因此简化了控制律设计过程[43]。

本书的控制分配研究主要针对飞机进行大迎角机动过程中气动舵面和推力矢量的控制分配问题，而不是常规机动过程中冗余气动舵面的协同工作或是舵面失效时的故障重构。因此本书中使用的战斗机模型在常规机动时所考虑的气动舵面仅为升降舵、副翼和方向舵，重点研究这些气动舵面在大迎角机动过程中与推力矢量的协同工作方式。

1. 控制分配方案

在使用动态逆方法设计飞机角速度控制内环的过程中，其关键在于如何得到期望动态所需求的控制力矩，该控制力矩可由调节气动舵面或推力矢量偏转得到。以

气动舵面和推力矢量作为控制输入的飞机角速度的非线性方程为

$$\dot{\boldsymbol{\omega}} = \begin{bmatrix} \dot{p} \\ \dot{q} \\ \dot{r} \end{bmatrix} = f(p,q,r) + \boldsymbol{BM}_b + \boldsymbol{BM}_{\delta\text{BPNN}} + \boldsymbol{BM}_P \tag{3.60}$$

取期望的飞机合力矩为 $\boldsymbol{M}_D$，$\boldsymbol{M}_D$ 的表达形式如下：

$$\boldsymbol{M}_D = \boldsymbol{B}^{-1}[\dot{\boldsymbol{\omega}}_d - f(p,q,r)] \tag{3.61}$$

若令气动舵面力矩控制逆模型所输出的气动力矩为 $\boldsymbol{M}_{\delta\text{BPNN}}$ 和推力矢量所产生的力矩 $\boldsymbol{M}_P$ 之和满足：

$$\boldsymbol{M}_{\delta\text{BPNN}} + \boldsymbol{M}_P = \boldsymbol{M}_D - \boldsymbol{M}_b \tag{3.62}$$

即可获得期望的角速度变化率 $\dot{\boldsymbol{\omega}}_d$。

考虑到非定常气动时滞等气动特性的存在，飞机本体所受的气动力矩 $\boldsymbol{M}_b$ 在进行力矩控制分配时难以精确估计，因此采用力矩补偿的方式，计算期望角速度变化率 $\dot{\boldsymbol{\omega}}_d$ 与当前角速度变化率 $\dot{\boldsymbol{\omega}}$ 对应的合力矩之差 $\Delta\boldsymbol{M}_D$，进而使用气动舵面或推力矢量进行力矩补偿。考虑到当前用于直接测量角加速度信号的传感器产品为数不多，飞机上安装角加速度计还未普遍实现。仿真时采用常规的角加速度估算方法，利用角速度陀螺仪给出的角速度信号 $\boldsymbol{\omega}$ 进行微分，进而计算得到角速度变化率 $\dot{\boldsymbol{\omega}}$ 的估计值。

在进行力矩补偿时，气动舵面力矩控制逆模型输出的气动力矩补偿量 $\Delta\boldsymbol{M}_{\delta\text{BPNN}}$ 和推力矢量产生力矩补偿量 $\Delta\boldsymbol{M}_P$，需满足

$$\left.\begin{aligned} \Delta\boldsymbol{M}_{\delta\text{BPNN}} + \Delta\boldsymbol{M}_P &= \Delta\boldsymbol{M}_D \\ \Delta\boldsymbol{M}_D &= \boldsymbol{M}_D - \boldsymbol{M}_{\text{now}} = \boldsymbol{B}^{-1}(\dot{\boldsymbol{\omega}}_d - \dot{\boldsymbol{\omega}}) \end{aligned}\right\} \tag{3.63}$$

期望的气动舵面力矩 $\boldsymbol{M}_{\delta\text{BPNN}}$ 和推力矢量力矩 $\boldsymbol{M}_P$ 由当前气动舵面产生的力矩 $\boldsymbol{M}_{C\delta\text{BPNN}}$ 和当前推力矢量产生的力矩 $\boldsymbol{M}_{CP}$ 与补偿量相加得到：

$$\left.\begin{aligned} \boldsymbol{M}_{\delta\text{BPNN}} &= \boldsymbol{M}_{C\delta\text{BPNN}} + \Delta\boldsymbol{M}_{\delta\text{BPNN}} \\ \boldsymbol{M}_P &= \boldsymbol{M}_{CP} + \Delta\boldsymbol{M}_P \end{aligned}\right\} \tag{3.64}$$

使用如上力矩补偿的设计方式，有效地避免了气动力矩 $\boldsymbol{M}_b$ 难以精确计算给控制系统带来的误差，使控制设计更为简化。

在常规中、高速小迎角机动时，气动舵面和推力矢量均有足够的控制效益，能够实现所期望的控制力矩。考虑到推力矢量偏转响应较慢且对能量的耗损较高，在大动压状态时，一般不使用推力矢量，控制力矩完全由气动舵面提供。当飞机进入大迎角机动时，气动效益的降低导致气动舵面无法提供足够的控制力矩，此时需及时引入推力矢量。特别当迎角过大或动压极低时，控制力矩应主要依靠推力矢量作用得到。

由于气动舵面和推力矢量在使用场合上有明显区别，因此在控制分配设计时，采用权限分配的设计方案，如图 3.27 所示。

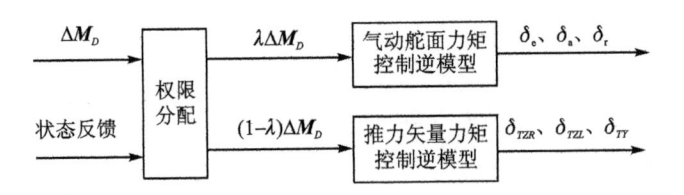

图 3.27　气动舵面与推力矢量控制权限分配方案

控制分配方案分为两部分,首先是权限分配,其输入是力矩补偿控制指令 ΔM_D,权限分配模块根据飞机当前状态调整权限因子,然后气动舵面和推力矢量分别依据所获得的力矩补偿权限完成控制任务。控制分配方案中的权限分配需根据飞机特性进行具体设计,本书以动压和迎角值作为权限分配因子,用于实现飞机不同动压和迎角下运动时力矩控制机构的有序切换与协同工作。为防止权限分配因子突变造成舵面抖动及系统的不稳定,将其设计成为连续变化函数,如下:

$$\lambda = \begin{cases} 1, & Q > Q_{\max} \text{ 或 } \alpha < \alpha_{\min} \\ \dfrac{Q(\alpha_{\max} - \alpha)}{Q_{\max}(\alpha_{\max} - \alpha_{\min})}, & Q_{\max} \geqslant Q \geqslant Q_{\min} \text{ 和 } \alpha_{\max} \geqslant \alpha \geqslant \alpha_{\min} \\ 0, & Q_{\min} > Q \text{ 或 } \alpha > \alpha_{\max} \end{cases} \quad (3.65)$$

式中,$Q_{\max}$ 和 $Q_{\min}$ 为截止动压参数,$\alpha_{\max}$ 和 $\alpha_{\min}$ 为截止迎角参数。当动压足够或迎角很小时,不使用推力矢量;当动压不足或迎角过大时,则完全利用推力矢量进行力矩控制。$Q_{\max}$、$Q_{\min}$、$\alpha_{\max}$、$\alpha_{\min}$ 的具体取值应按照飞机特定气动效益给出。

2. 控制分配的速率约束

在进行控制分配设计时,需考虑执行机构的位置和速度约束。气动舵面和推力矢量偏转速率均有对应的限制,此时,控制分配算法可在每一帧周期内对速率约束进行处理,使之转换为位置约束。假设飞机包括推力矢量在内的执行机构的速率约束为

$$\begin{aligned} \dot{\boldsymbol{u}}^{\max} &= \begin{bmatrix} \dot{u}_1^{\max} & \dot{u}_2^{\max} & \cdots & \dot{u}_m^{\max} \end{bmatrix}^{\mathrm{T}} \\ \dot{\boldsymbol{u}}^{\min} &= \begin{bmatrix} \dot{u}_1^{\min} & \dot{u}_2^{\min} & \cdots & \dot{u}_m^{\min} \end{bmatrix}^{\mathrm{T}} \end{aligned} \quad (3.66)$$

式中,$\dot{\boldsymbol{u}}^{\max}$ 和 $\dot{\boldsymbol{u}}^{\min}$ 分别代表执行机构正向和反向偏转所允许的最大速率。

设 $\boldsymbol{u}(t)$ 表示飞机 t 时刻的执行机构偏转位置,控制系统每帧间隔为 Δt,则在 $t + \Delta t$ 时刻,执行机构的变化范围受到位置和速率共同约束,表示为

$$\begin{aligned} \boldsymbol{v}^{\max} &= \min(\boldsymbol{u}(t) + \dot{\boldsymbol{u}}^{\max} \Delta t, \boldsymbol{u}^{\max}) \\ \boldsymbol{v}^{\min} &= \max(\boldsymbol{u}(t) + \dot{\boldsymbol{u}}^{\min} \Delta t, \boldsymbol{u}^{\min}) \end{aligned} \quad (3.67)$$

式中,$\boldsymbol{u}^{\max}$ 和 $\boldsymbol{u}^{\min}$ 分别代表执行机构正向和反向偏转所允许的最大位置。

这样,带速率约束的控制分配问题即转换为单位帧周期内的位置约束问题,进而可以通过仅考虑位置约束的控制分配方法进行设计。

3. 考虑伺服回路的控制分配

在进行控制分配设计时,所考虑的位置与速率限制均为针对具体执行机构的,而控制分配所产生的指令对应的则是执行机构伺服回路的输入。当不考虑伺服回路的动态特性时,对执行机构的限制与对输入指令的限制是相同的,可以实现精确的控制分配。但是实际执行机构均有其伺服回路对应的动态特性,其伺服回路的输出要慢于给定的控制指令,这种情况所产生的不利之处在于,一是执行机构偏转达不到最大速率,浪费其控制效能;二是得不到期望的控制力矩,无法实现精确的动态特性跟踪。

考虑到执行机构自身的动态特性,在进行控制分配设计时,不仅要考虑执行机构的位置和速率约束,还应将执行机构对应伺服回路的动态特性考虑在内。在使用基于帧周期的控制分配方法时,针对伺服回路动态特性进行补偿。

控制气动舵面和推力矢量偏转的执行机构,其动态特性均可近似使用一阶微分方程描述,即

$$\dot{u} = \frac{1}{\tau}(v_C - u) \tag{3.68}$$

式中,v_C 为伺服回路的输入即控制指令,u 为伺服回路的输出,即执行机构的偏转角。

公式(3.68)的解为

$$u(t) = e^{-\frac{1}{\tau}(t-t_0)} u_0 + \int_{t_0}^{t-\frac{1}{\tau}(t-\tau)} \frac{1}{\tau} v_C \, d\tau = e^{-\frac{1}{\tau}(t-t_0)} u_0 + v_C \left[1 - e^{-\frac{1}{\tau}(t-t_0)}\right] \tag{3.69}$$

由于飞控计算机给出的执行机构指令是离散的,其在一个帧周期内保持不变。设某个帧周期的开始时刻为 t_{k-1},执行机构偏转角为 u_{k-1},在一个采样周期 Δt 后,有

$$u(t_{k-1} + \Delta t) - u_{k-1} = \left(1 - e^{-\frac{\Delta t}{\tau}}\right)(v_C - u_{k-1}) \tag{3.70}$$

如希望在采样周期 Δt 结束时,执行机构达到期望的偏转角度 u_k,需满足

$$v_C = u_{k-1} + \frac{1}{1 - e^{-\frac{\Delta t}{\tau}}}(u_k - u_{k-1}) \tag{3.71}$$

4. 控制分配实现步骤

综上所述,给出的基于力矩补偿的控制分配方案具体实现步骤如下:
- 首先计算得到期望的力矩补偿量 $\Delta \boldsymbol{M}_D$,根据飞机状态调节权限分配因子,合理分配气动舵面和推力矢量对应的力矩补偿量,并根据气动舵面力矩控制逆模型和推力矢量力矩控制逆模型计算各自的执行机构偏转角度。
- 考虑执行机构偏转的速率约束,对应控制分配算法在每一帧周期内对速率约束进行处理,使之转换为位置约束进行设计。
- 考虑执行机构对应伺服回路的动态特性影响,在使用基于帧周期的控制分配方法时,针对伺服回路动态特性进行补偿。

3.3.3 大迎角机动的控制构型

非线性动态逆设计可以实现飞机运动的输入/输出解耦控制[44]。飞机全状态模型包含十二个状态量,要同时实现十二个状态量的输入/输出解耦极为困难。在大迎角机动控制设计时,仅需实现大迎角机动主要控制构型对应的飞机状态量的解耦控制即可。

大迎角机动按照其对应的战术任务要求,常见的控制构型主要为:
- 角速度控制,用于作为其他控制模态的内环;
- 姿态角控制,用于调节飞机姿态,实现精确指向和跟踪;
- 气流角控制,用于控制迎角和实现绕速度轴的滚转;
- 指向控制,用于实现对目标的截获和指向,进行跟踪或实施攻击。

由于具有明显的时间尺度差异,飞机各状态量可根据奇异摄动理论分组,其中与大迎角机动控制关系密切的状态组为:角速度 $[p,q,r]$、姿态角 $[\phi,\theta,\psi]$ 和气流角 $[\alpha,\beta,\gamma]$。其中角速度直接受力矩控制,变化最快,为内环快回路;姿态角和气流角需要经过对应的角速度信号积分而成,变化较慢,为外环慢回路。

利用非线性动态逆方法可实现对各回路的解耦控制,其中角速度控制系统作为内环,其动态逆设计及相应的控制分配方案,前文已经给出。姿态角控制和气流角控制作为控制外环,以角速度控制内环为基础实现解耦控制。包含控制分配的飞机非线性动态逆控制结构框图如图 3.28 所示。

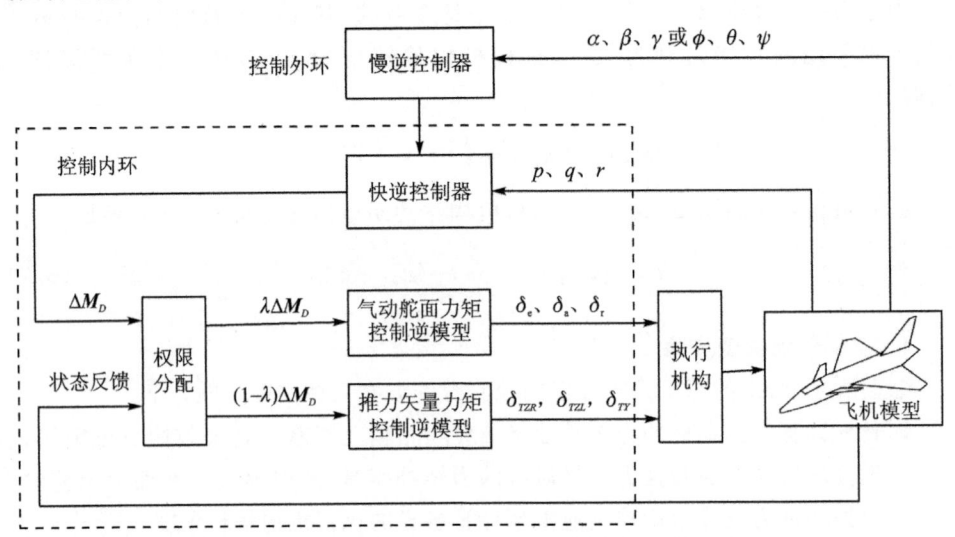

图 3.28 含控制分配的飞机非线性动态逆控制结构

1. 姿态角控制

姿态角的解耦控制可通过姿态角速率 $[\dot\phi,\dot\theta,\dot\psi]$ 同机体坐标系下的角速度分量

$[p,q,r]$ 的转换关系得到

$$\begin{bmatrix} \dot{\phi} \\ \dot{\theta} \\ \dot{\psi} \end{bmatrix} = S_A \begin{bmatrix} p \\ q \\ r \end{bmatrix} = \begin{bmatrix} 1 & \sin\phi\tan\theta & \cos\phi\tan\theta \\ 0 & \cos\phi & -\sin\phi \\ 0 & \dfrac{\sin\phi}{\cos\theta} & \dfrac{\cos\phi}{\cos\theta} \end{bmatrix} \begin{bmatrix} p \\ q \\ r \end{bmatrix} \quad (3.72)$$

考虑到动力学方程为基于角加速度的计算,对公式(3.72)两边同时求导

$$\begin{bmatrix} \ddot{\phi} \\ \ddot{\theta} \\ \ddot{\psi} \end{bmatrix} = \dot{S}_A \begin{bmatrix} p \\ q \\ r \end{bmatrix} + S_A \begin{bmatrix} \dot{p} \\ \dot{q} \\ \dot{r} \end{bmatrix} \quad (3.73)$$

姿态角控制指令可在公式(3.73)所给出的姿态角二阶微分的基础上构造期望的动态响应。选取典型的二阶环节作为姿态角控制的参考模型,按照如下过程进行设计。

选取期望的动态响应过程如下:

$$\frac{Y_d}{Y_C} = \frac{\omega_n^2}{s^2 + 2s\xi_n\omega_n + \omega_n^2} \quad (3.74)$$

式中,Y_d 和 Y_C 分别参考模型的动态响应与对应的控制指令;ξ_n 和 ω_n 分别为阻尼比和固有频率,其值可参照相关飞行品质的要求确定。参考模型的二阶微分 $\ddot{Y}_d$ 计算如下:

$$\ddot{Y}_d = -2\xi_n\omega_n \dot{Y}_d - \omega_n^2 Y_d + \omega_n^2 Y_C \quad (3.75)$$

按照上述形式给出姿态角期望动态的二阶微分表述如下:

$$\begin{bmatrix} \ddot{\phi}_d \\ \ddot{\theta}_d \\ \ddot{\psi}_d \end{bmatrix} = \begin{bmatrix} -2\xi_\phi\omega_\phi\dot{\phi} - \omega_\phi^2\phi + \omega_\phi^2\phi_C \\ -2\xi_\theta\omega_\theta\dot{\theta} - \omega_\theta^2\theta + \omega_\theta^2\theta_C \\ -2\xi_\psi\omega_\psi\dot{\psi} - \omega_\psi^2\psi + \omega_\psi^2\psi_C \end{bmatrix} \quad (3.76)$$

式中,ξ_ϕ、ξ_θ、ξ_ψ、ω_ϕ、ω_θ、ω_ψ 为满足飞行品质要求的阻尼比和固有频率。

选取期望的角速度动态过程如下:

$$\begin{bmatrix} \dot{p}_d \\ \dot{q}_d \\ \dot{r}_d \end{bmatrix} = S_A^{-1} \begin{bmatrix} \ddot{\phi}_d \\ \ddot{\theta}_d \\ \ddot{\psi}_d \end{bmatrix} - S_A^{-1} \dot{S}_A \begin{bmatrix} p \\ q \\ r \end{bmatrix} \quad (3.77)$$

利用角速度控制内环实现公式(3.77)所示角速度动态特性,即可得到如参考模型所给出的姿态角的期望动态响应,即

$$\begin{bmatrix} \dot{p} \\ \dot{q} \\ \dot{r} \end{bmatrix} = \begin{bmatrix} \dot{p}_d \\ \dot{q}_d \\ \dot{r}_d \end{bmatrix} \Rightarrow \begin{bmatrix} \ddot{\phi} \\ \ddot{\theta} \\ \ddot{\psi} \end{bmatrix} = \begin{bmatrix} \ddot{\phi}_d \\ \ddot{\theta}_d \\ \ddot{\psi}_d \end{bmatrix} \quad (3.78)$$

按照上述参考模型设计方法得到飞机姿态角控制系统,选取适当的阻尼比和固有频率参数,并进行大迎角下的俯仰和滚转姿态控制仿真验证,结果如图3.29所示。

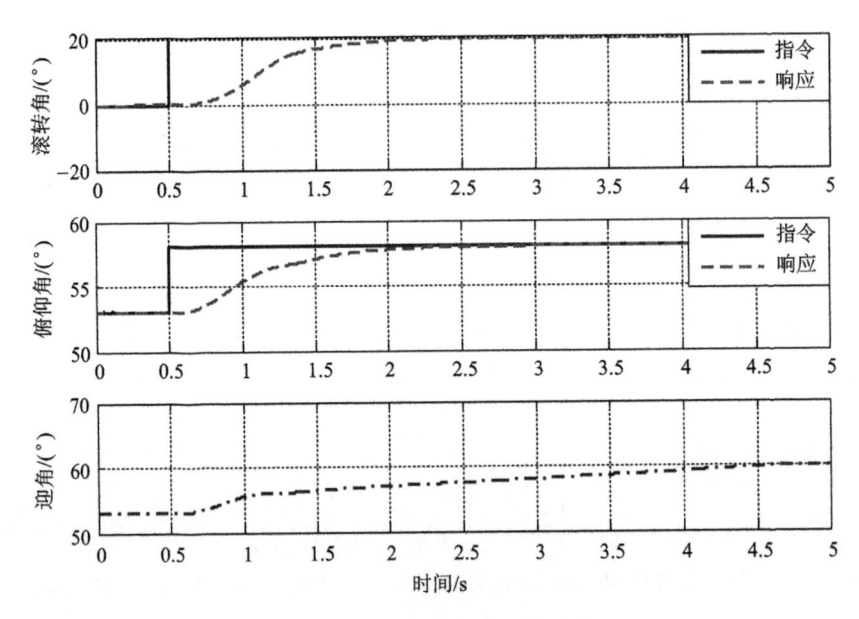

图 3.29 姿态角控制系统响应

从图3.29中可以看出,飞机初始时刻在53°迎角附近做平飞运动。当0.5 s时刻同时给出俯仰和滚转机动指令,飞机的俯仰角和滚转角响应均能够按照期望的动态特性快速平稳地跟踪给定指令,少有超调和振荡。

在参考模型选择时,也可将其选为一阶惯性环节,此时仅需给定期望的姿态角一阶微分动态,并利用公式(3.72)反向计算期望的角速度动态响应即可。采用一阶惯性环节作为参考模型时,用于调节响应动态特性的设计参数仅有时间常数一个,系统响应的动态特性变化范围相对较小。但选用一阶惯性环节作为参考模型时不再需要进行二阶微分计算,可以有效减轻非线性解耦控制时的运算量。

2. 气流角控制

气流角的解耦控制同姿态角控制相似,首先推导飞机迎角 α、侧滑角 β 以及航迹滚转角 γ 对应的动态特性 $[\dot{\alpha}, \dot{\beta}, \dot{\gamma}]$ 和角速度 $[p, q, r]$ 之间的转换关系。

$[\dot{\alpha}, \dot{\beta}]$ 可由飞机机体轴加速度 $[\dot{u}, \dot{v}, \dot{w}]$ 按照下式转换得到

$$\begin{bmatrix} \dot{\alpha} \\ \dot{\beta} \end{bmatrix} = S_{v/a} \begin{bmatrix} \dot{u} \\ \dot{v} \\ \dot{w} \end{bmatrix} = \begin{bmatrix} \dfrac{-w}{u^2+w^2} & 0 & \dfrac{u}{u^2+w^2} \\ \dfrac{-uv}{V^2\sqrt{u^2+w^2}} & \dfrac{\sqrt{u^2+w^2}}{V^2} & \dfrac{-vw}{V^2\sqrt{u^2+w^2}} \end{bmatrix} \begin{bmatrix} \dot{u} \\ \dot{v} \\ \dot{w} \end{bmatrix} \quad (3.79)$$

而 $[\dot{u}, \dot{v}, \dot{w}]$ 与 $[p, q, r]$ 的转换关系为

第 3 章 大迎角过失速机动的控制

$$\begin{bmatrix} \dot{u} \\ \dot{v} \\ \dot{w} \end{bmatrix} = S_{w/v} \begin{bmatrix} p \\ q \\ r \end{bmatrix} + D_{w/v} \tag{3.80}$$

转换公式(3.80)中对应的矩阵参数如下：

$$S_{w/v} = \begin{bmatrix} 0 & w & -v \\ -w & 0 & u \\ v & -u & 0 \end{bmatrix}, \quad D_{w/v} = \begin{bmatrix} -g\sin\theta + F_X/m \\ g\cos\theta\sin\phi + F_Y/m \\ g\cos\theta\cos\phi + F_Z/m \end{bmatrix} \tag{3.81}$$

综合公式(3.79)和公式(3.80)，可得到由 $[p,q,r]$ 转换到 $[\dot{\alpha},\dot{\beta}]$ 的计算公式如下：

$$\begin{bmatrix} \dot{\alpha} \\ \dot{\beta} \end{bmatrix} = S_{v/a} S_{w/v} \begin{bmatrix} p \\ q \\ r \end{bmatrix} + S_{v/a} D_{w/v} \tag{3.82}$$

航迹滚转角 γ 和飞机姿态角之间有如下的转换关系：

$$\sin\gamma\cos\mu = \cos\alpha\sin\beta\sin\theta + \cos\theta(\cos\beta\sin\phi - \sin\alpha\sin\beta\cos\phi) \tag{3.83}$$

考虑在飞机机动过程中，由于飞控系统的严格控制，不会产生过大的侧滑角，因此对公式(3.83)进行简化：

$$\left.\begin{array}{l} \sin\beta \approx 0, \cos\beta \approx 1 \\ \sin\gamma\cos\mu \approx \cos\theta\sin\phi \end{array}\right\} \tag{3.84}$$

对公式(3.84)中的第二行公式进行微分：

$$\dot{\gamma}\cos\gamma\cos\mu - \dot{\mu}\sin\gamma\sin\mu = \dot{\phi}\cos\theta\cos\phi - \dot{\theta}\sin\theta\sin\phi \tag{3.85}$$

整理得到航迹滚转角一阶微分 $\dot{\gamma}$ 同 $[\dot{\phi},\dot{\theta}]$ 间的转换关系：

$$\dot{\gamma} = S_{g/a} \begin{bmatrix} \dot{\phi} \\ \dot{\theta} \end{bmatrix} + D_{g/a} = \begin{bmatrix} \dfrac{\cos\theta\cos\phi}{\cos\mu\cos\gamma} & \dfrac{-\sin\theta\sin\phi}{\cos\mu\cos\gamma} \end{bmatrix} \begin{bmatrix} \dot{\phi} \\ \dot{\theta} \end{bmatrix} + \dfrac{\dot{\mu}\sin\mu\sin\gamma}{\cos\mu\cos\gamma} \tag{3.86}$$

又由于 $[\dot{\phi},\dot{\theta}]$ 可用 $[p,q,r]$ 表述为

$$\begin{bmatrix} \dot{\phi} \\ \dot{\theta} \end{bmatrix} = S_{w/g} \begin{bmatrix} p \\ q \\ r \end{bmatrix} = \begin{bmatrix} 1 & \sin\phi\tan\theta & \cos\phi\tan\theta \\ 0 & \cos\phi & -\sin\phi \end{bmatrix} \begin{bmatrix} p \\ q \\ r \end{bmatrix} \tag{3.87}$$

进而 $[p,q,r]$ 转换到 $\dot{\gamma}$ 的计算公式如下：

$$\dot{\gamma} = S_{g/a} S_{w/g} \begin{bmatrix} p \\ q \\ r \end{bmatrix} + D_{g/a} \tag{3.88}$$

由公式(3.82)和公式(3.88)联立，得到

$$\begin{bmatrix} \dot{\alpha} \\ \dot{\beta} \\ \dot{\gamma} \end{bmatrix} = S_{w/a} \begin{bmatrix} p \\ q \\ r \end{bmatrix} + D_{w/a} = \begin{bmatrix} S_{v/a} S_{w/v} \\ S_{g/a} S_{w/g} \end{bmatrix} \begin{bmatrix} p \\ q \\ r \end{bmatrix} + \begin{bmatrix} S_{v/a} D_{w/v} \\ D_{g/a} \end{bmatrix} \tag{3.89}$$

对公式(3.89)两边进行微分,即得到气流角二阶微分的解析形式公式(3.90),进而可参照姿态角控制中所使用的参考模型方法设计期望的气流角动态响应过程,实现气流角的非线性解耦控制。

$$\begin{bmatrix} \ddot{\alpha} \\ \ddot{\beta} \\ \ddot{\gamma} \end{bmatrix} = \dot{S}_{w/a} \begin{bmatrix} p \\ q \\ r \end{bmatrix} + S_{w/a} \begin{bmatrix} \dot{p} \\ \dot{q} \\ \dot{r} \end{bmatrix} + \dot{D}_{w/a} \quad (3.90)$$

气流角期望动态的二阶微分解表述如下:

$$\begin{bmatrix} \ddot{\alpha}_d \\ \ddot{\beta}_d \\ \ddot{\gamma}_d \end{bmatrix} = \begin{bmatrix} -2\xi_\alpha \omega_\alpha \dot{\alpha} - \omega_\alpha^2 \alpha + \omega_\alpha^2 \alpha_C \\ -2\xi_\beta \omega_\beta \dot{\beta} - \omega_\beta^2 \beta + \omega_\beta^2 \beta_C \\ -2\xi_\gamma \omega_\gamma \dot{\gamma} - \omega_\gamma^2 \gamma + \omega_\gamma^2 \gamma_C \end{bmatrix} \quad (3.91)$$

式中,ξ_α、ξ_β、ξ_γ、ω_α、ω_β、ω_γ 为满足飞行品质要求的阻尼比和固有频率。

期望的角速度动态过程如下:

$$\begin{bmatrix} \dot{p}_d \\ \dot{q}_d \\ \dot{r}_d \end{bmatrix} = S_{w/a}^{-1} \begin{bmatrix} \ddot{\alpha}_d \\ \ddot{\beta}_d \\ \ddot{\gamma}_d \end{bmatrix} - S_{w/a}^{-1} \dot{S}_{w/a} \begin{bmatrix} p \\ q \\ r \end{bmatrix} - S_{w/a}^{-1} \dot{D}_{w/a} \quad (3.92)$$

按照书中动态逆解耦控制方案设计飞机气流角控制律,并进行仿真验证。图3.30中曲线对应为飞机拉起54°迎角时的机动过程,图3.31中曲线为飞机模型对同时给出的迎角和航迹滚转角指令的响应过程,仿真结果证明了书中给出的气流角动态逆解耦控制及相应的控制分配方案的有效性。

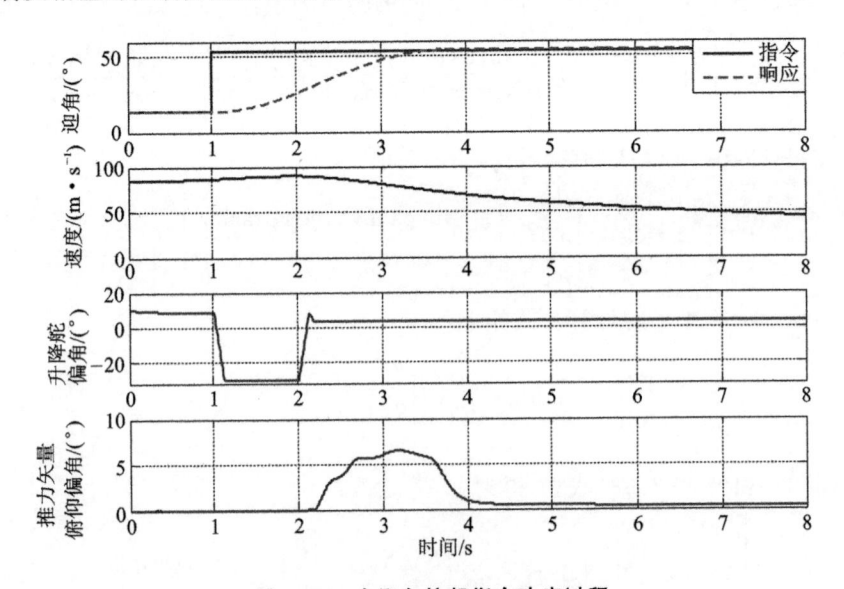

图3.30　大迎角拉起指令响应过程

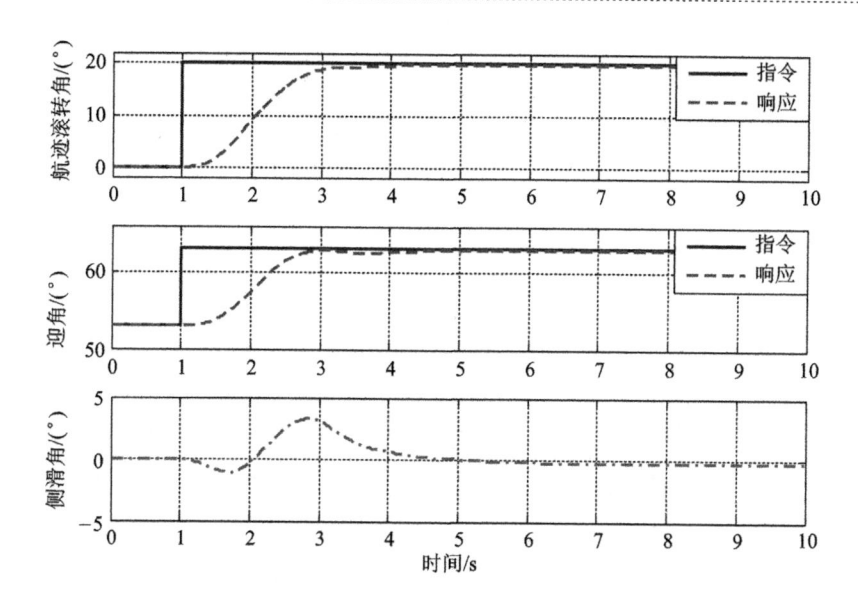

图 3.31 迎角和航迹滚转角指令响应过程

图 3.30 显示飞机初始阶段为常规小迎角平飞状态，1 s 时刻给出大迎角拉起指令，升降舵立即响应使迎角增加。在迎角逐步增大的过程中，控制分配给出的力矩补偿逐渐向推力矢量偏移，当迎角超过截止迎角 α_{max} 时，则完全使用推力矢量进行控制。在整个迎角拉起过程中，升降舵和推力矢量切换过渡平稳，迎角响应过程的动态特性未受到控制分配中执行机构切换的影响，对应迎角响应没有抖动出现。

从图 3.31 中可以看出，在 1 s 时刻同时给出迎角和航迹滚转角机动指令，飞机的迎角和航迹滚转角响应均能够按照期望的动态特性快速平稳地跟踪给定指令，少有超调和振荡。在机动指令响应过程中，仅有很小幅值的侧滑角出现，且很快减小到零值附近。

3. 指向控制

大迎角机动时，在完成占位使目标进入武器瞄准权限框后，即可接通指向任务。通常情况下的指向控制为追求短时的指向精度，将控制器设计为按姿态角指向，而忽略气流角的影响。但这种指向方式可能使气流角短时间内大幅增加，进而影响后续机动过程乃至任务的完成。因此在按姿态角的指向控制设计中，通常会加入气流角保护措施及各种增稳回路，使得控制系统变得复杂。

气流角本身即反映了飞机姿态与速度方向的信息。考虑到指向的短时性，可认为速度在指向过程中方向变化不大，因此指向任务中对姿态角的控制近似相当于对气流角控制。本书的指向控制设计方案即以气流角控制为基础。

考虑如图 3.32 中的视线坐标系，不失一般性，假设视线坐标系与机体坐标系相重合，为右手正交坐标系。目标机在我机视线坐标系的位置为 $\boldsymbol{P}_R = (x_R, y_R, z_R)^T$。对应的高低角为 μ_S，以目标在视线上方为正；对应的方位角为 v_S，以目标在视线右方为正；总指向误差角为 R_S。视线坐标系下各参量有如下转换关系：

$$\left.\begin{aligned}R &= \sqrt{x_R^2 + y_R^2 + z_R^2} \\ \cos R_S &= \cos \mu_S \cos v_S\end{aligned}\right\} \quad (3.93)$$

$$\begin{bmatrix} x_R \\ y_R \\ z_R \end{bmatrix} = R \begin{bmatrix} \cos \mu_S \cos v_S \\ \cos \mu_S \sin v_S \\ -\sin \mu_S \end{bmatrix}$$

考虑指向误差角 R_S 较小、可以直接指向目标情形，按照前文所述，由于机动时间较短，飞机速度方向几乎不变，可采取近似姿态指

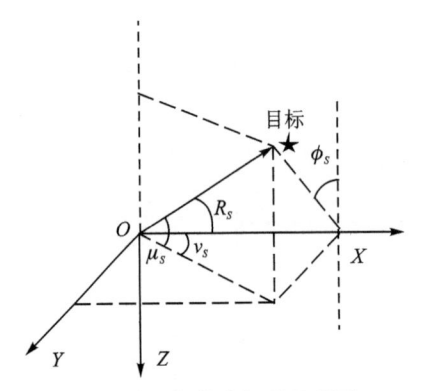

图 3.32 视线坐标系示意图

向目标的策略，维持当前的滚转角 γ 不变，采用下式所示的比例微分（PD）控制方案。

$$\left.\begin{aligned}\alpha_C &= k_\mu \mu_S + k_{\dot\mu} \dot\mu_S + \alpha \\ \beta_C &= k_v v_S + k_{\dot v} \dot v_S + \beta\end{aligned}\right\} \quad (3.94)$$

通过合理选取控制参数 k_μ、$k_{\dot\mu}$、k_v、$k_{\dot v}$，可以改变指向控制的运动特性。本书中控制参数采用目标优化的方法进行选取，使之满足相应的飞行品质要求。

大迎角机动中的角度截获、指向控制和目标追踪等均选用指令跟踪响应过程中的调节时间 t_C、超调量 σ 等作为机动性能评估指标，跟踪调节时间越短，超调越小，跟踪性能越好。因此在控制参数优化时，采用的优化目标函数 J 如下：

$$J = w_1 t_C + w_2 \sigma \quad (3.95)$$

式中，常值系数 w_1、w_2 用于分配调节时间 t_C 和超调量 σ 在目标函数 J 中的权重。

在给定优化目标函数后，即可采用优化算法给出合理的控制参数，具体的参数优化方法为第 2 章中给出的单纯型法和粒子群优化算法。

对指向误差角 R_S 较大、不适于机头指向的状况，可以先通过滚转将目标置于机身的对称面上，再根据指向误差拉起迎角即可。体现在雷达屏上，即为通过滚转将目标点置于屏幕中线，控制迎角使之向屏幕中间移动。

参照图 3.32 中的视线坐标系，要将目标置于机身对称面上，飞机所需滚过的角度为 ϕ_S，计算公式如下：

$$\phi_S = \arctan \frac{y_R}{z_R} = \arctan(\cos \mu_S \sin v_S) \quad (3.96)$$

当目标位于机身对称平面时，俯仰方向的目标误差即为指向误差 R_S。

给出该种情况下的指向控制律如下：

$$\left.\begin{aligned}\alpha_C &= k_R R_S + k_{\dot R} \dot R_S + \alpha \\ \beta_C &= 0 \\ p &= k_\phi \phi + k_{\dot\phi} \dot\phi\end{aligned}\right\} \quad (3.97)$$

同样，控制参数 k_R、$k_{\dot R}$、k_ϕ、$k_{\dot\phi}$ 的选取采用目标优化方式，使之满足大迎角机动时的飞行品质要求。

指向控制的仿真算例将在第 5 章中介绍，这些算例按照第 4 章中给出的多种大迎角机动任务指令进行仿真验证，并结合相应的量化指标用以全面评估本书的非线性控制律设计所对应的飞机大迎角机动性能。

3.4 本章小结

本章主要研究内容为大迎角非线性控制技术。分别给出了基于扩展线性化设计和基于力矩控制逆模型的动态逆设计方案。

本章首先依据参考文献给出了战斗机在大迎角飞行中的六自由度非线性模型，加入推力矢量后，该模型可以直接用于飞机大迎角过失速机动控制和仿真研究。

本章采用的第一种非线性控制方法为基于扩展线性化的设计方法，通过纵向和横侧向内环的非线性反馈，使得系统闭环具有常值稳定的特征值，使得闭环系统具有线性系统特性，在此基础上进行外环指令跟踪控制律设计和控制分配方案设计，实现了 Herbst 机动控制。

第二种非线性控制方法是使用动态逆方法设计。使用神经网络构建气动舵面力矩控制的精确逆模型，并推导了双发轴对称推力矢量系统的力矩控制逆模型实现方案。为实现大迎角机动过程中气动舵面和推力矢量的有序切换和协同工作，给出了基于力矩补偿的控制分配方案，并在单位帧周期控制分配实现时引入了执行机构速率限制和伺服回路动态特性补偿。此外，本章还针对大迎角机动时的主要控制构型，推导了以角速度控制系统为内环的解耦控制方案，并使用参考模型设计方法使各控制系统响应满足给定飞行品质的要求。

仿真结果表明，上述非线性系统设计都可以有效实现战斗机的大迎角过失速控制，提高战斗机的敏捷性。

第 4 章 大迎角过失速机动的评估方法

随着过失速机动能力不断提升，现代战斗机可以在更大的迎角范围实现不同的机动任务。如何有效地评估战斗机在大迎角区域内的飞行品质与机动性能，已成为战斗机飞行品质研究领域所亟待解决的问题。传统的军用飞行品质规范中所给出的评估指标，如操纵期望参数、Neal-Smith 准则等，多为针对常规小迎角范围飞行的评价标准，不能有效反映大迎角机动的品质特性。建立面向大迎角机动性能评估的新的评价体系和量化指标势在必行[45]。

敏捷性概念涵盖机动性、可控性以及加速控制能力，是用于评估近距空战作战效能的综合指标[46-47]。大迎角下的过失速机动，其主要研究目的即为提高战斗机的敏捷性。针对大迎角机动进行敏捷性评估，需要研究其各轴向的姿态控制效率，强调迅速改变机头指向，快速锁定目标，优先开火的能力。大迎角机动敏捷性评估的开展，可以更为全面地评估过失速机动的空战效益，促进大迎角下战斗机快速拉起、转向、摆脱跟踪、缩短空战周期等机动能力的提升。

4.1 敏捷性评估技术指标

按照运动形式进行划分，飞机的敏捷性指标可分为俯仰敏捷性（纵向敏捷性）、扭转敏捷性（滚转敏捷性）和轴向敏捷性[48-49]。其中轴向敏捷性用于度量飞机能量状态间转换能力[50]，其主要取决于发动机性能，而本书主要研究由推力矢量和控制律设计所带来姿态控制敏捷性提升，因此没有将轴向敏捷性列入敏捷性指标考察范围。本书采用的敏捷性评估指标按照俯仰敏捷性、扭转敏捷性和空战能力敏捷性进行分类，归纳整理出了适用于大迎角机动敏捷性评估实际，又易于工程实现和仿真计算的敏捷性评估指标，并给出了相应的评估依据和量化标准。为规范化敏捷性指标表述，所有敏捷性指标均按照指标描述、实现方式及评估数据的格式进行说明。

4.1.1 俯仰敏捷性指标

俯仰敏捷性又称为纵向敏捷性[51]，反映战斗机俯仰控制及法向加速的瞬态能力，考察指标通常为俯仰特性和法向过载。大迎角机动对应的纵向操纵主要为通过迅速的俯仰角或迎角拉起，有效控制机头指向或飞机减速，从而获得攻击优势。因此，对大迎角机动俯仰敏捷性的考察主要侧重俯仰姿态控制性能，本书筛选并整理出的大迎角机动俯仰敏捷性指标为最大俯仰角速度、Chalk 尺度和上仰/下俯敏捷性。

1. 最大俯仰角速度

【指标描述】

最大俯仰角速度考察最大权限俯仰机动下,飞机所能达到的俯仰角速度极值。

【实现方式】

飞机初始为指定高度和速度的平飞状态;机动开始时,施加最大俯仰角速度控制指令,指令类型为阶跃形式,控制指令持续适当时间以保证机动过程中实现最大俯仰角速度;之后控制飞机俯仰,使之回归至初始水平附近。

【评估数据】

最大俯仰角速度值。

2. Chalk 尺度

【指标描述】

Chalk 尺度依据俯仰角速度响应特性评价俯仰敏捷性,是常用的飞机纵向飞行品质评估指标。对于阶跃俯仰角速度控制指令输入,在一定时间范围内,俯仰角速度响应特性可利用低阶系统如二阶短周期系统的响应特性近似表述,如图 4.1 所示。

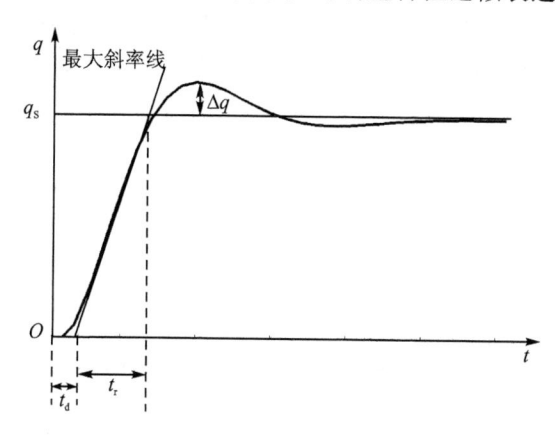

图 4.1 俯仰角速度响应评估参数定义

Chalk 尺度主要考察参数为俯仰角速度的有效延迟时间、上升时间和超调量。稳态俯仰角速度值定义为 q_s,上升曲线对应的最大斜率线与时间轴的交点即为等效延迟时间 t_d;最大斜率线与俯仰角速度稳态值交点对应的时间减去 t_d,即为上升时间 t_r;俯仰角速度第一个最大值 Δq 与稳态值 q_s 的比值为超调量。有效延迟时间反映飞机操纵响应灵敏度,上升时间反映纵向姿态变化速度,超调量则对应响应平稳性。

【实现方式】

飞机初始为指定高度和速度的平飞状态;机动开始时,施加不超过飞机极限值的俯仰角速度控制指令,指令类型为阶跃形式,保持控制指令使俯仰角速度在稳态值附近维持一段时间;之后控制飞机俯仰,使之回归至初始水平附近。

【评估数据】

俯仰角速度响应有效延迟时间、上升时间、超调量。

3. 上仰/下俯敏捷性

【指标描述】

Chalk 尺度建立在纵向俯仰角速度响应与二阶短周期系统响应特性近似的基础之上,而在大迎角机动控制目标指向时,控制指令更多对应于俯仰姿态的控制,此时俯仰角速度的响应过程已不再具有近似二阶短周期系统响应特性。在这种情况下,可以考虑采用上仰/下俯敏捷性来评价俯仰敏捷性。

上仰/下俯敏捷性在常规小迎角飞行俯仰敏捷性评价时,主要侧重法向载荷变化,利用加载和卸载过程作为评估动作。大迎角机动时的俯仰敏捷性应更加关注俯仰姿态变化能力,因此大迎角下的上仰/下俯敏捷性采用俯仰角跟踪过程作为评估动作,评估飞机在上仰和下俯动作中的俯仰角阶跃响应过程对应的等效延迟时间、上升时间和超调。

【实现方式】

飞机初始为指定高度和速度的平飞状态;机动开始时,施加不超过飞机极限值的俯仰角控制指令,此指令可分为上仰指令和下俯指令。指令类型为阶跃形式,保持控制指令使俯仰角达到稳态值附近维持一段时间;之后控制飞机俯仰,使之回归至初始水平附近。

【评估数据】

俯仰角响应有效延迟时间、上升时间、超调量。

4.1.2 扭转敏捷性指标

扭转敏捷性又称为滚转敏捷性,反映战斗机滚转控制和改变航迹的瞬态能力[52]。大迎角下的扭转敏捷性,主要考察飞机绕速度矢量的滚转能力,用于改变机头朝向,配合俯仰机动实现对空间任意目标的快速指向。本书筛选整理出的大迎角机动扭转敏捷性评估指标为 T_{rc90} 尺度、T_{rt90} 尺度、T_A 尺度和最大滚转角速度。

1. T_{rc90} 尺度

【指标描述】

T_{rc90} 最为直接反映了飞机扭转特性的敏捷性指标,定义为飞机滚转并截获 90°滚转角所需的时间。常规小迎角飞行时的 T_{rc90} 为拉起后,飞机绕机体轴滚转并截获 90°滚转角的时间。而大迎角机动时,绕机体轴滚转无法改变机动指向,需采用绕速度矢量的滚转。本书中 T_{rc90} 尺度定义所对应的滚转轴即为速度轴。T_{rc90} 尺度要求稳定截获 90°滚转角,不仅要求滚转角响应的快速性,同时也要求滚转姿态控制的精度和平稳性。

【实现方式】

飞机初始为指定高度和速度的平飞状态;机动开始时,施加 90°滚转角控制指令,使飞机绕速度轴滚转90°。保持控制指令使飞机在90°滚转角稳态值附近维持一段时间;之后控制飞机回滚,回归至初始平飞状态。

【评估数据】

T_{rc90}(90°滚转角截获时间)、截获超调。

2. T_{rt90} 尺度

【指标描述】

T_{rt90}尺度定义为飞机滚过90°滚转角所需时间。相较于T_{rc90}尺度,该扭转敏捷性指标不再要求飞机保持在90°滚转角,因此在飞行试验中更容易实现。与T_{rc90}相同,大迎角机动T_{rt90}尺度定义所对应的滚转轴为速度轴。

【实现方式】

飞机初始为指定高度和速度的平飞状态;机动开始时,施加最大滚转角速度控制指令,指令类型为阶跃形式,控制指令持续适当时间以保证飞机绕速度轴滚转超过90°,之后控制飞机回滚,使之回归至初始平飞状态。

【评估数据】

T_{rt90}(滚过90°滚转角时间)。

3. TA 尺度

【指标描述】

TA尺度用于评价带载情况下的滚转性能,其值通过转弯角速度ω除以T_{rc90}进行计算,如下式。TA值越大,表示飞机拥有较高的转弯速度和较低的滚转角截获耗时,对应更快的机头指向变化,因此扭转敏捷性也越好。

$$\mathrm{TA} = \frac{\omega}{T_{rc90}} \tag{4.1}$$

定常水平转弯的飞机,其向心加速度a_n与法向过载n_z、飞行速度V、转弯半径R和转弯角速度ω的近似计算公式为

$$\left. \begin{aligned} a_n &= \omega^2 R = \omega \cdot V \\ a_n &= n_z \cdot g \end{aligned} \right\} \tag{4.2}$$

因此公式(4.1)的另一表述为

$$\mathrm{TA} = \frac{g \cdot n_z}{V \cdot T_{rc90}} \tag{4.3}$$

【实现方式】

飞机初始为指定高度和速度的平飞状态;机动开始时,施加90°滚转角控制指令,使飞机绕速度矢量滚转90°。保持控制指令使飞机在90°滚转角稳态值附近维持并实现水平转弯;一段时间之后控制飞机回滚,回归至初始平飞状态。

【评估数据】

TA 值。

4. 最大滚转角速度
【指标描述】

最大滚转角速度考察最大权限滚转机动下，飞机所能达到的滚转角速度极值。

【实现方式】

飞机初始为指定高度和速度的平飞状态；机动开始时，施加最大滚转角速度控制指令，指令类型为阶跃形式，控制指令持续适当时间以保证机动过程中实现最大滚转速度；之后控制飞机滚转，使之回归至初始平飞状态。

【评估数据】

最大滚转角速度值。

4.1.3 空战能力敏捷性指标

俯仰敏捷性和扭转敏捷性均为瞬态敏捷性评价指标，对应各自轴向飞机姿态能力的度量。而空战能力敏捷性属于功能性敏捷性指标，其通常包含多种瞬态敏捷性，是反映实际空战敏捷性需求的综合指标[53]。本书中大迎角机动所考察的空战能力敏捷性指标为指向裕度、后方分离距离尺度和空战周期。

1. 指向裕度
【指标描述】

机头优先指向敌机意味着获得先敌开火的机会，从而更易赢得近距离空中格斗的胜利。指向裕度定义为被指向方机头指向线与指向方机头指向线之间的夹角，该角度越大，表明指向方可赢得更多的武器发射时间，获得更好的开火时机。以垂直拉起指向裕度为例进行说明，如图4.2所示。两机同时开始做垂直拉起，当其中一方构成目标指向的瞬间，双方机头指向线之间的夹角即为指向裕度（PM）。PM表明指向方已可以攻击，而被指向方还需继续转动多少角度才能获得攻击机会。

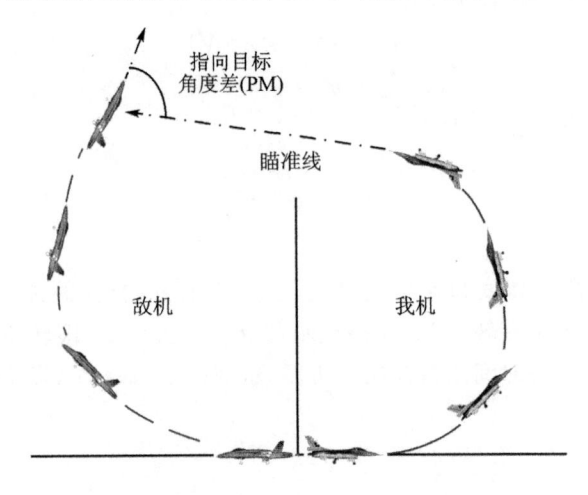

图 4.2　垂直拉起指向裕度空战情况

【实现方式】

两机在给定高度和速度下相向平飞,当两机经过并分离时,同时以最大俯仰角速度指令进行拉起,直至某一方构成目标指向时为止。

【评估数据】

PM(指向裕度)。

2. 后方分离距离尺度

【指标描述】

空战格斗中时常需要通过机动使自己到达敌机后方,占据有利的空间位置,因此研究提出了后方分离距离尺度(RSD)的概念。RSD 定义为作战双方同时进入机动,经一段时间后,两者在前进方向上产生距离差 ΔX,其代表了处于后方的飞机所获得的空间优势,如图 4.3 所示。

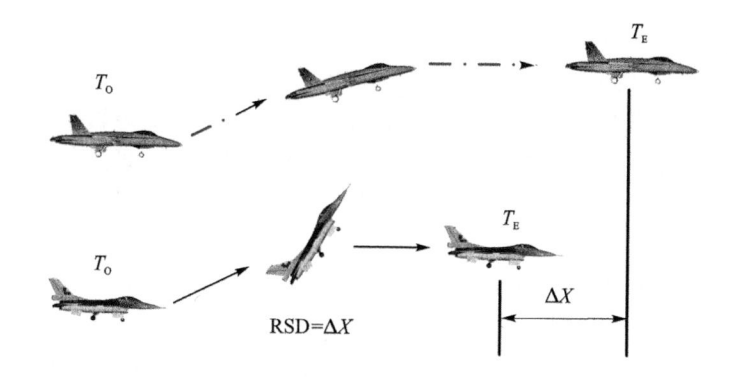

图 4.3　RSD 示意图

【实现方式】

两机在给定高度和速度下并列平飞,双方各自执行机动(俯仰和滚转均可,图中给出的机动为俯仰机动),在指定结束时间 T_E 时刻,计算两机前进方向的距离差 ΔX。

【评估数据】

RSD(后方分离距离尺度)。

3. 空战周期

【指标描述】

指向裕度尺度用于描述同一平面内的单次空战情况,没有考虑战机脱离战场并准备二次攻击的情形。空战周期的引入涵盖了完整的空战过程,用于全面衡量飞机空战效能。空战周期如图 4.4 所示,主要包括四个阶段:

① 滚转 90°并实现最大过载,即 t_1 段;

② 转弯到给定角度,即 t_2 段;

③ 从最大过载卸载至 1g,并滚回,即 t_3 段;

④ 加速到初始能量水平，即 t_4 段。

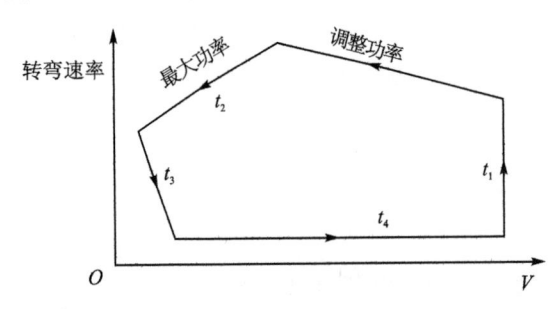

图 4.4 空战周期过程

空战周期包含了进入空战拉过载减速、滚转改变机头指向、卸载加速脱离战场等环节，综合反映了战斗机的俯仰敏捷性和扭转敏捷性。

【实现方式】

设给定转弯角度为 180°，分四阶段施加操纵输入。

第 1 阶段：飞机初始为指定高度和速度的平飞状态，施加滚转角控制指令，使飞机稳定截获滚转角（T_{rc90}），待稳定截获后 0.5 s 内拉起最大过载。

第 2 阶段：保持飞机最大过载下的转弯状态，直到飞机转过 180°。

第 3 阶段：控制飞机过载，使之卸载到 1g，飞机反向滚转 90°至恢复平飞（T_{rc90}）。

第 4 阶段：加速使飞机恢复至初始能量水平。

【评估数据】

空战周期（飞机转过给定角度和重新恢复能量所需总时间）、各阶段机动时间。

4.1.4 敏捷性指标量化

上文中给出的敏捷性指标均有相应的定性描述和评估数据要求，但要作为客观实用的大迎角机动敏捷性评估规范还需要给出可实际操作的定量准则，作为飞行控制律设计的参考依据。

本书依照已有的军用飞行品质评估标准如纵向短周期时域准则、法向过载准则、滚转时域准则等，结合先前敏捷性评估领域研究所积累的实践经验，给出了推荐的敏捷性指标量化准则，并按照常见飞行品质评估标准，将战斗机大迎角机动敏捷性指标量化为三个等级，以一级为最优。

大迎角机动敏捷性指标量化标准如表 4.1 所列。

表 4.1 敏捷性指标量化标准

敏捷性指标	符号定义	一级品质	二级品质	三级品质
最大俯仰角速度	最大俯仰角速度值 $q_{max}/[(°) \cdot s^{-1}]$	$q_{max} \geq 60$	$40 \leq q_{max} < 60$	$24 \leq q_{max} < 40$

续表 4.1

敏捷性指标	符号定义	一级品质	二级品质	三级品质
Chalk 尺度	响应延迟 t_d/s	$t_d \leq 0.1$	$0.1 < t_d \leq 0.15$	$0.15 < t_d \leq 0.2$
	上升时间 t_r/s	$t_r \leq 1.5$	$1.5 < t_r \leq 2$	$2 < t_r \leq 3$
	超调次数 σ	$\sigma \leq 10\%$	$10\% < \sigma \leq 20\%$	$20\% < \sigma \leq 30\%$
上仰/下俯敏捷性	响应延迟 t_d/s	$t_d \leq 0.12$	$0.12 < t_d \leq 0.17$	$0.17 < t_d \leq 0.22$
	上升时间 t_r/s	$t_r \leq 2$	$2 < t_r \leq 2.5$	$2.5 < t_r \leq 3$
	超调次数 σ	$\sigma \leq 10\%$	$10\% < \sigma \leq 20\%$	$20\% < \sigma \leq 30\%$
T_{rc90} 尺度	T_{rc90} 值 T_{rc90}/s	$T_{rc90} \leq 1.5$	$1.5 < T_{rc90} \leq 2.3$	$2.3 < T_{rc90} \leq 3$
	超调次数 σ	$\sigma \leq 10\%$	$10\% < \sigma \leq 20\%$	$20\% < \sigma \leq 30\%$
T_{rt90} 尺度	T_{rt90} 值 T_{rt90}/s	$T_{rt90} \leq 1$	$1 < T_{rt90} \leq 1.5$	$1.5 < T_{rt90} \leq 2.5$
最大滚转角速度	最大滚转角速度值 p_{max}/[(°)·s^{-1}]	$p_{max} \geq 90$	$60 \leq p_{max} < 90$	$36 \leq p_{max} < 60$

上表中仅给出了瞬态敏捷性指标即俯仰敏捷性指标和扭转敏捷性指标的相应量化标准,而空战能力敏捷性指标由于涉及的影响参量过于复杂,需要在确定高度、速度、敌机和我机动作设计等具体参量情况下方能进行量化评估,因此无法简单给出量化标准。由公式(4.3)可知,TA 尺度在给定过载和速度下,和 T_{rc90} 成反比关系,可利用该过载和速度下的 T_{rc90} 尺度进行扭转敏捷性量化评估。

4.2 面向任务的大迎角机动评估指标

美国空军委托麦道公司,在大量研究工作基础上,建立了一套用于评估飞机敏捷性及大迎角飞行品质的机动任务集,也被称作标准评估机动集合(STEMS)[54]。STEMS 用于验证特定飞行状态下的飞行品质和敏捷性,帮助设计师通过模拟机动和试飞来发现决定飞行任务完成质量的主要因素,及时修正设计缺陷,同时能够在典型作战环境下验证飞机的机动性能。

STEMS 中共有 20 个基本标准动作,既包括单一轴向机动及多轴向机动,也包括开环机动与闭环跟踪任务机动。STEMS 中有 17 个任务机动可用于大迎角飞品质评估,其中最值得注意的机动为大迎角跟踪和目标捕获,其与实际空战过程最为接近,非常贴近大迎角机动评估的实际需求。国内相关研究也在逐步展开,目前仍处于理论阶段,对新指标的定义及其机理不够明确,有待进一步研究。

STEMS 的标准动作及其所涉及的飞行品质如表 4.2 所列。

表 4.2 STEMS 标准动作对应的飞行品质

机动动作 \ 飞行品质	纵向飞行品质	横向飞行品质	航向飞行品质	轴向飞行品质	多轴飞行品质	俯仰权限	迎角权限	滚转权限	俯仰操纵余量	滚转协调	俯仰性能	滚转性能	转弯性能	轴向性能	机动性	PIO趋势	偏离特性	正区反区操纵
大迎角扫掠时跟踪	√	√	√	√		√										√		
大迎角跟踪	√	√	√													√		
大迎角横向粗截获		√					√					√				√		
双目标攻击	√	√	√								√	√						
滚转防御						√		√	√								√	
最大拉杆						√												
上仰角捕获	√									√					√			
交叉目标截获跟踪	√	√	√	√								√	√		√			
俯仰角速度储备					√						√		√		√			
大迎角纵向粗截获	√																	
Sharkenhausen 机动	√	√	√	√														
大迎角滚转和反转								√		√								
大迎角滚转捕获		√																
最小速度全杆筋斗						√							√	√				
快速180°反向											√		√	√				
稳定飞行急推杆						√		√	√									
J 转弯						√	√											
加油管跟踪	√	√	√	√												√		
动力进场跟踪	√	√	√															√
侧偏进场至着陆	√	√	√											√	√		√	

注：表中√代表左侧的飞行机动动作能够反映对应纵向列中的该项飞行品质。

大迎角机动评估研究主要考虑两个层面：一是对现有飞行品质评价标准的修剪、完善和深化；二是发展基于面向任务需求的新的评价方法和准则。传统的军用飞行品质规范以及敏捷性评估方法，主要都为对战斗机自身机动性能的考察，而大迎角过失速机动是面向空战任务的，对应的飞行品质评价标准也应与任务要求相适应，需更加注重战机的任务完成能力，而非局限于战机本体特性。

大迎角机动任务的多样性，使得难以制定统一的深入到飞机模型的飞行品质评价标准，基于任务需求的使命-任务-单元(MTE)方法逐渐受到重视。根据以往的使用经验和飞行数据，可以整理出大迎角过失速机动常用的典型任务，对任务分解，得到更为基本的任务元素。进而归纳整理出一套大迎角机动任务通用的机动动作,用以对大迎角机动任务性能进行评估。这种方式跨过了基于飞机模型的战机本体特性性能要求,把战斗机的任务性能作为第一考评元素,简化了评价过程和分析步骤。

4.2.1 MTE 任务分类

将飞机所要执行的实际任务分解为专门的机动元素,可以定义一个独立于实际任务的基本科目列表。这样不同任务中的基本任务科目元素可以直接进行比较。MTE 方法中的总任务可以由一组标准 MTE 组合而成。每一种 MTE 的定义,应有明确的时间和空间限制,有确切的状态起止点和性能要求。它可以是某个独立的机动动作,也可以是几个单项机动的集合。不同用途的飞机除了拥有一些共性的 MTE(如平飞加/减速、平面转弯、进场着陆等)之外,还有相应于其特定用途的机动以评估其特定应用方向的任务能力。对每个 MTE 可以给出迅猛和精确度的评价,并可据此分为 4 类:

> A 类是迅猛且精确的机动(如移动目标跟踪、地形跟随);
> B 类是不迅猛不精确的机动(如侦察);
> C 类是不迅猛但精确的机动(如空中加油的受油模式、编队飞行);
> D 类是迅猛但不精确的机动(如大过载转弯)。

该分类与 MIL-F-8785C 分类的对照示意图如图 4.5 所示。

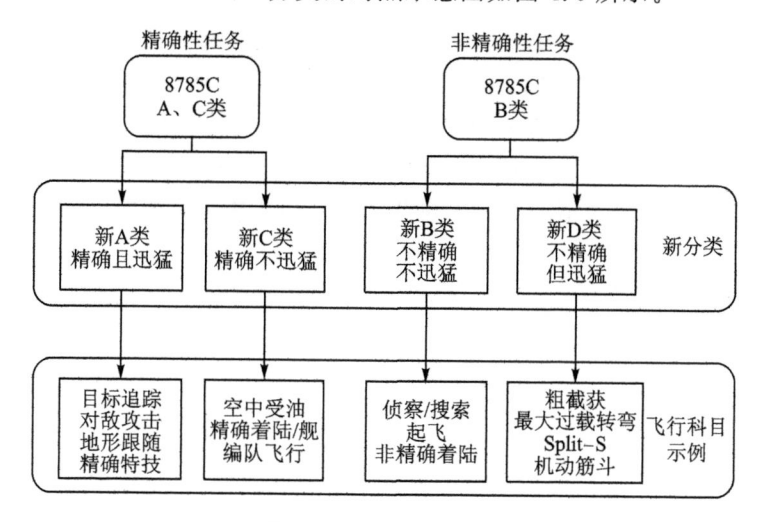

图 4.5 MTE 初步分类

上图中对于每种 MTE 分类可以找到其对应的飞行品质准则要求。采用这样的方法建立飞机飞行品质准则只需要确定 4 组指标,并且在不同飞机间通用。

根据以上原则对飞机 MTE 进行了分类,结果如表 4.3 所列。

表 4.3 MTE 分类列表

精确迅猛 （A 类任务）	不精确不迅猛 （B 类任务）	精确不迅猛 （C 类任务）	不精确迅猛 （D 类任务）
空空跟踪 空地跟踪 地形跟随	起飞离场爬升 改变航向 改变高度 非精确着陆 侦察 复飞	航迹捕获与保持 垂直速度捕获与保持 俯仰姿态捕获与保持 倾侧角捕获与保持 精确 ILS 捕获与跟踪 精确着陆 紧密编队 空中加油 精确低空飞行	纵向粗截获 横向粗截获 空地粗截获

4.2.2 面向飞行品质评估的 MTE 分解方法

面向飞行任务的飞行品质评估方法是战斗机大迎角机动评估的发展方向,建立能够符合大迎角过失速机动战术要求的规范化机动任务集非常必要[55][56]。建立标准评估机动集合有助于检验飞机的大迎角飞行性能,大大提高研究、设计及评估工作的工作效率。

大迎角机动面向任务的特性和飞机小迎角常规飞行时的任务特性相比有很大不同,其飞行品质评估适合于定义 MTE 并进行具体分析的研究方法。如图 4.6 所示,为进行合适的使命任务单元分解,首先要明确飞机的飞行包线、飞行任务、飞机构型及飞机本体特性等相关属性。结合任务需求确定候选动作集合,并初步筛选出有必要且又需要进行飞行品质评估的飞行动作。通过仿真模拟手段对选出的机动动作进行进一步研究,通过筛除、合并等手段,提炼机动动作。最后对提炼出的机动动作进行验证并进行飞行品质评估方法研究,从而得到用于飞行品质评估的任务单元及包含对应评估机动动作的飞行试验基元。

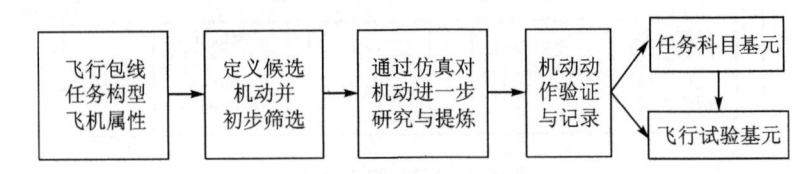

图 4.6 任务单元分解过程

考虑到战斗机大迎角机动的实际需求,采用 MTE 方法结合任务需求确定候选动作集合,筛选出易于工程实现和飞行测试,同时又能准确反映战斗机过失速机动能力的大迎角机动动作集合。参考 NASA 和美国空军的相关研究项目,依据麦道公司 Wright 实验室给出的标准评估机动集合 STEMS(Standard Evaluation Maneuver

Set),经过任务筛选、改进和补充,整理形成本书中评估机动任务集合。

大迎角机动飞行品质评估机动任务,可分为单机机动任务和双机机动任务两类。这些机动任务反映了空战对于大迎角机动的实际需求,可以胜任大迎角机动评估要求。

4.2.3 单机机动任务及评估指标

大迎角单机机动任务的选取主要考察战机在大迎角条件的单机机动能力,其设计出发点不局限于战机本体特性评估,而是通过大迎角下的有效机动,以获得近距空战优势为目标。评估机动任务的提出,需要按照明确的格式进行说明,以实现飞行试验和评估结果的规范化。本书中大迎角单机机动任务按照任务描述、机动内容、评估指标及补充说明的形式给出,力求做到评估指标的规范化。

1. 大迎角平飞

【任务描述】

大迎角平飞是大迎角机动的基础动作,也是衡量战斗机大迎角机动性能的有效指标。其任务为在不同飞行条件下,对理论计算的最大平飞迎角进行仿真验证。

【机动内容】

飞机在指定高度按照指定迎角执行平飞机动,并将该平飞状态维持指定时间长度。

【评估指标】

最大平飞迎角。

【补充说明】

根据仿真结果对给定高度的配平条件进行修正,实现最大迎角平飞。

2. 大迎角捕获

【任务描述】

大迎角捕获机动,其任务为对不超过最大平飞迎角的迎角指令进行捕获,主要考察战斗机对给定迎角的跟踪性能和响应特性,对应MTE中精确且迅猛的A类机动。

【机动内容】

飞机初始为指定高度和速度的平飞状态,初速的选取要足够维持大迎角捕获机动任务的实现。获得大迎角捕获指令时,迅速跟踪迎角指令至给定的迎角值,并将捕获的迎角值维持指定时间长度。

【评估指标】

迎角捕获时间、捕获的超调次数。

【补充说明】

捕获目标迎角维持较短时间即可,之后的飞机响应不做要求。

3. 大迎角滚转与捕获

【任务描述】

飞机半滚倒飞后,加入俯仰指令达到并保持预定的迎角,当速度与大地垂直时开始进行大迎角最大滚转机动,滚转过程中保持迎角不变并在转过 360°时捕获初始航向。该机动通过对航向捕获所需的滚转时间和最大滚转速率进行评估。该机动着重评估大迎角下的横向滚转与控制能力,在空战中常被用于切换作战目标、翻转机动及武器锁定等任务。该机动对于捕获精度的要求适中,属于 MTE 中不精确但迅猛的 D 类机动。

【机动内容】

飞机初始状态为半滚倒飞,开始俯仰控制指令后捕获并保持预定迎角,直到当速度与大地垂直时,保持预定迎角进行最大滚转机动,滚转 360°捕获初始航向,记录滚转机动的起始时间。最后拉起俯仰角,恢复至平飞状态。机动过程示意如图 4.7 所示。

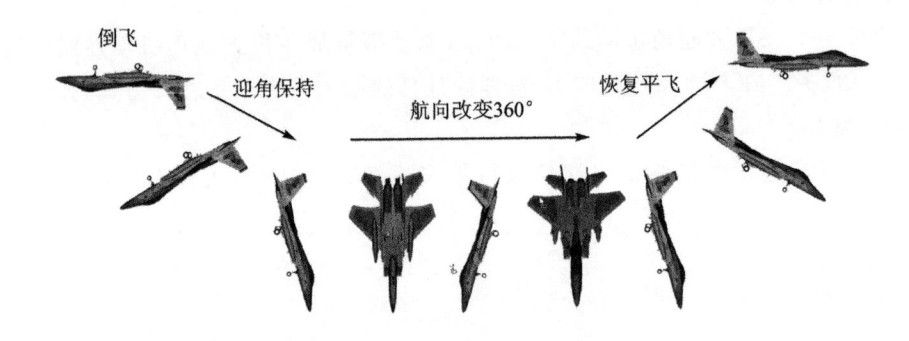

图 4.7 大迎角滚转与捕获过程

【评估指标】

航向截获时间、超调次数和最大滚转速率。

> 期望的结果:期望时间内,急速滚转且截获航向变化到 80 密位范围内,不多于 1 次超调完成作业。

> 适当的结果:适当时间内,急速滚转且截获航向变化到 80 密位范围内,不多于 2 次超调完成作业。

【补充说明】

对初始航向的捕获需要完成绕速度轴的 180°滚转。

4. 眼镜蛇机动

【任务描述】

飞机快速向后拉起,使机头上仰至 110°~120°之间,并维持 2~3 s。之后增加推力,推杆使机头俯仰角下降,恢复至原来水平。眼镜蛇机动为过失速机动中最为典型的机动动作。该机动着重评估大迎角下的俯仰操纵性能和控制能力,在空战中常被用于规避敌机攻击,获取有利攻击位置。该机动对于俯仰角的捕获精度要求不高,属于 MTE 中不精确但迅猛的 D 类机动。

【机动内容】

飞机初始为指定高度和速度的平飞状态,初速的选取要足够维持眼镜蛇机动任务的实现。获得机动开始指令时,迅速拉起俯仰角至指定值,通常为 110°～120°,使飞机急剧减速。保持指定俯仰角直至飞机速度降低于预定值后,增加推力并推杆,使俯仰角和速度均回归至初始水平。眼镜蛇机动过程如图 4.8 所示。

图 4.8 眼镜蛇机动过程

【评估指标】

俯仰角截获时间、任务完成总时间。

【补充说明】

眼镜蛇机动捕获并维持指定俯仰角时,不需要很精确地完成。俯仰角回落并恢复速度时,大致回归至初始水平即可,同样不需要精确完成。

5. Herbst 机动

【任务描述】

快速拉起指定迎角,并在该迎角下完成绕速度轴矢量的滚转,直至航向改变 180°,改平然后恢复至初始速度。Herbst 机动概括来说是以小转弯半径、大转弯速率快速调转飞机航向的过失速机动,其被认为是综合过失速机动所有关键特性的强制性动作,是评估飞机过失速机动能力的标准程序。Herbst 机动由于其轨迹类似英文字母"J",故又称为 J 转弯。Herbst 机动可以综合评估大迎角下的俯仰和滚转性能,在空战中常被用于迅速改变航向,规避敌机攻击,使战斗模态由被动变为主动。该机动对于航向的捕获精度要求不高,属于 MTE 中不精确但迅猛的 D 类机动。

【机动内容】

飞机初始为指定高度和速度的平飞状态,同时给出纵向和横向的控制指令,使飞机维持指定迎角并进行绕速度轴的滚转，直至飞机航向改变180°。其后减小迎角，卸载加速，使飞机恢复至初始状态。Herbst机动过程如图4.9所示。

图4.9 Herbst机动过程

【评估指标】

迎角捕获时间和航向改变180°时间。

【补充说明】

Herbst机动捕获指定180°航向时，大致捕获即可，不需要很精确地完成。

6. 单机机动任务汇总

将大迎角单机机动任务进行汇总，如表4.4所列。

表4.4 大迎角单机任务

机动任务	相关性能	空战用途	评估指标	MTE分类
大迎角平飞	纵向品质	无特定用途	最大平飞迎角	无分类
大迎角捕获	迎角跟踪性能 俯仰操纵性能	大迎角机动 基础动作	迎角捕获时间 超调次数	A类
大迎角滚转与捕获	滚转控制能力	切换作战目标 翻转机动 武器锁定	截获航向时间 超调次数 最大滚转速率	D类
眼镜蛇机动	俯仰控制能力	规避敌机攻击 获取有利位置	俯仰角截获时间 任务完成总时间	D类
Herbst机动	俯仰控制能力 滚转控制性能	迅速改变航向 规避敌机攻击 变被动为主动	迎角捕获时间 航向改变180°时间	D类

4.2.4 双机机动任务及评估指标

目标捕获和追踪是空战中最为实用的飞行品质指标,其通常包含两个阶段,粗略捕获及精确跟踪。粗截获用于评估捕获能力,而精确跟踪则主要考察战斗机持续跟踪及指向目标的能力。大迎角机动最大的特点即为使战斗机拥有更为快速的机头指向能力,从而形成了目标跟踪和先敌开火等方面的空战优势。为准确评估大迎角机动的空战效能,将目标机引入评估试验,利用双机机动来模拟实际的空战过程,形成本书中大迎角双机机动任务集合。大迎角双机机动任务按照任务描述、目标机机动、测试机机动、评估指标及补充说明的形式给出。

1. 上仰角捕获

【任务描述】

低速状态下,通过俯仰控制实现对目标机的独立纵向最短时间捕获。上仰角捕获为有效评估飞机纵向飞行品质特别是操纵性能的机动动作。该机动可使用俯仰过程等效短周期频率和阻尼值进行评估,着重评估大迎角下的俯仰性能及机动能力。在空战中常被用于导弹发射,恐吓敌机和航炮攻击等任务。上仰角捕获机动对于捕获精度的要求适中,属于 MTE 中不精确但迅猛的 D 类机动。上仰角捕获的过程如图 4.10 所示。

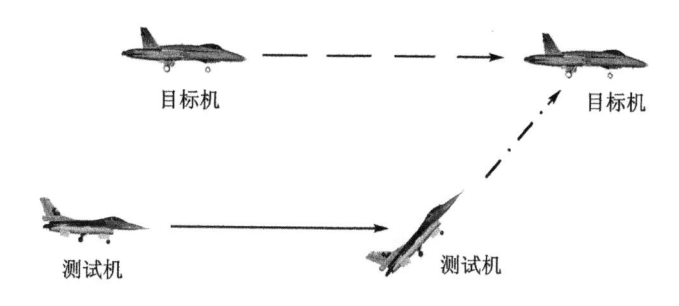

图 4.10 上仰角捕获过程

【目标机机动】

目标机沿着给定的导弹发射方向和高度进行平飞,便于测试机建立期望的捕获角度。其飞行速度要稍慢于测试机,使测试机在捕获过程中能够易于维持攻击态势。同时为获得期望的攻击角度,测试机应和目标机保持足够远的攻击距离。

【测试机机动】

测试机首先采用预定的油门进行减速,达到和目标机同速并保持。当接到上仰角捕获命令时,操纵飞机进行纵向俯仰机动,尽可能快地捕获目标机上仰角,保持 80 密位以内的纵向指向误差 1 s 左右。

【评估指标】

目标截获时间,截获超调次数。

➤ 期望的结果:期望时间内,急速截获目标点到 80 密位误差线范围内,不多于 1 次超调完成作业。
➤ 适当的结果:适当时间内,急速截获目标点到 80 密位误差线范围内,不多于 2 次超调完成作业。

【补充说明】

在条件允许情况下,推荐使用目标机进行该机动评估测试。该机动也可采用下显示器或者平视显示器完成,但有可能因为显示器中俯仰梯度线运动过快,不能实现精确的捕获。此外,不推荐在最大可达俯仰角附近执行此机动,因为此时飞机达到了其俯仰性能极限,可能会掩盖飞行品质的缺陷。

2. 大迎角横向粗截获

【任务描述】

大迎角下对执行下降转弯动作的目标机进行横向粗截获。该机动着重评估大迎角下的横向滚转与控制能力。在空战中常被用于切换作战目标、翻转机动及武器锁定等任务。该机动对于捕获精度的要求适中,属于 MTE 中不精确但迅猛的 D 类机动。大迎角横向粗截获的过程如图 4.11 所示。

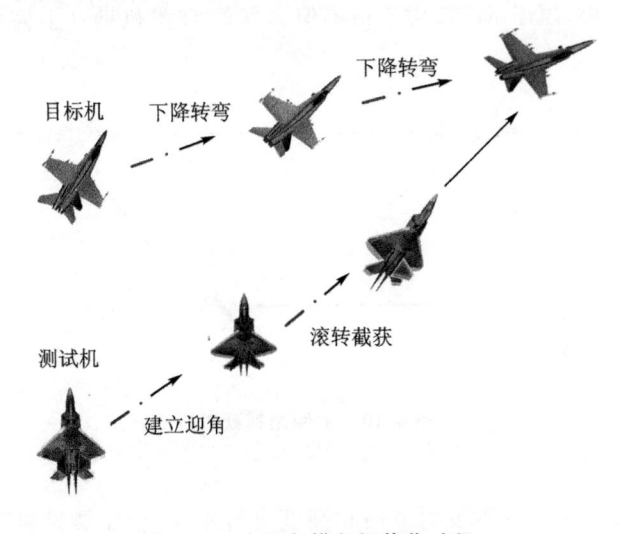

图 4.11 大迎角横向粗截获过程

【目标机机动】

目标机设置到期望推力,而后滚转拉起建立恒定迎角下降转弯。适当调整滚转角以保持既定空速。

【测试机机动】

测试机初始位于目标机后方 1 500 ft,下方 1 000 ft,保持 1g 过载平飞。目标机滚转时,等待其偏离机鼻大约 10°~20°,迅速拉起到测试迎角,等待片刻,之后急速滚转并截获目标。此机动的可测量部分开始于滚转初始时刻,滚转期间保持测试迎角。

急速截获目标到 80 密位的垂直带(或十字线)内。

【评估指标】

目标截获时间、截获超调次数。
- ➤ 期望的结果：期望时间内，急速横向截获目标点到 80 密位范围内，不多于 1 次横向超调完成作业。
- ➤ 适当的结果：适当时间内，急速横向截获目标点到 80 密位范围内，不多于 2 次横向超调完成作业。

【补充说明】

推荐测试迎角可选为 30°、45°和 60°，目标偏离角度和等待时间由飞机的滚转动态及测试迎角决定。

3. 大迎角纵向粗截获

【任务描述】

大迎角下对执行下降转弯动作的目标机进行纵向粗截获。该机动着重评估大迎角下的纵向飞行品质与控制能力。在空战中常被用于武器锁定等任务。该机动对于捕获精度的要求适中，属于 MTE 中不精确但迅猛的 D 类机动。大迎角纵向粗截获的过程，如图 4.12 所示。

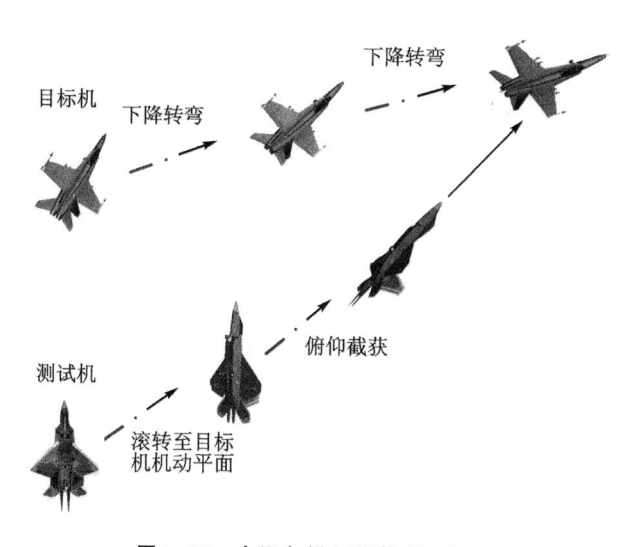

图 4.12　大迎角纵向粗截获过程

【目标机机动】

目标机设置到期望推力，而后滚转拉起建立恒定迎角下降转弯。适当调整滚转角以保持既定空速。

【测试机机动】

测试机初始时位于目标机后方 3 000 ft 处以 1g 过载水平飞行。目标机滚转时，等待目标与机头指向偏差达到预定值。之后滚转到目标机的机动平面内，在目标机后方等待目标机机动到预定的截获迎角,急速截获目标到 80 密位横向带(或十字线)内。截获结束后,卸掉过载,等待目标机偏离机头指向一定角度,进行下一次截获。在机动过程中可以进行多次截获。

【评估指标】

目标截获时间、截获超调次数。
  ➢ 期望的结果:期望时间内,急速截获目标点到 80 密位范围内,不多于 1 次纵向超调完成作业。
  ➢ 适当的结果:适当时间内,急速截获目标点到 80 密位范围内,不多于 2 次纵向超调完成作业。

【补充说明】

推荐测试迎角可选为 30°、45°和 60°。

4. 交叉目标截获与跟踪

【任务描述】

多轴向协同截获和空对空目标跟踪。该机动开始于最初的俯仰截获,紧接着驾驶员卸除过载、转向跟随目标同时进行俯仰/滚转/偏航方向跟踪作业,最后转换回纯粹的俯仰跟踪作业。该机动反映了大迎角下的俯仰、滚转、转弯性能和多轴向协同性能。在空战中常被用于武器发射任务。机动对应 MTE 中精确且迅猛的 A 类机动。

【目标机机动】

目标机初始以巡航速度飞行,在测试机上方 1 000 ft,90°角遭遇测试机。飞行经过测试机后,目标机开始以 5~6g 水平转弯转向测试机航线方向,并保持此转弯状态直到机动结束。

【测试机机动】

测试机初始阶段以 1g 水平飞行,当目标机从上方经过时,开始向目标机航线方向转向,急速截获并跟踪目标,并于捕获结束前保持目标在十字线 30 密位内 2 s。

大迎角交叉目标截获与跟踪过程,如图 4.13 所示。

【评估指标】

目标截获时间、截获超调次数、跟踪阶段目标位于 30 密位内的时间百分比。
  ➢ 期望的结果:急速截获目标至 30 密位范围内,不多于 1 次超调完成作业。跟踪过程中保持目标在 30 密位范围内至少 50 %时间。
  ➢ 适当的结果:急速截获目标至 30 密位范围内,不多于 2 次超调完成作业。跟踪过程中保持目标在 30 密位范围内至少 10 %时间。

【补充说明】

目标机的初始高度和转弯过载等均可变化,以增加机动任务的测试难度。

5. Sharkenhausen 迎头截获

【任务描述】

快速、精确、复合轴向截获迎面目标。该机动反映了大迎角下的俯仰、滚转、转弯

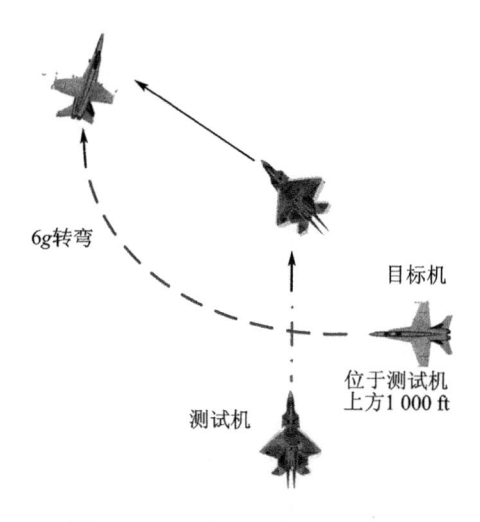

图 4.13　交叉目标截获与跟踪过程

性能和多轴向截获目标能力。在空战中常被用于导弹发射和速度矢量管理。机动对应 MTE 中精确且迅猛的 A 类机动。

【目标机机动】

目标机与测试机相向飞行,二者速度相同,两机航线水平差距 5 000 ft,目标机航线在测试机航线 5 000 ft 上方。机动过程中目标机保持定速平直飞行。

【测试机设置】

测试机初始阶段以 1g 水平飞行,两机初始状态如图 4.14 所示。当目标机到达 1.3 n mile 位置,急速截获并跟踪目标,保持目标在 80 密位范围内 2 s 时长。

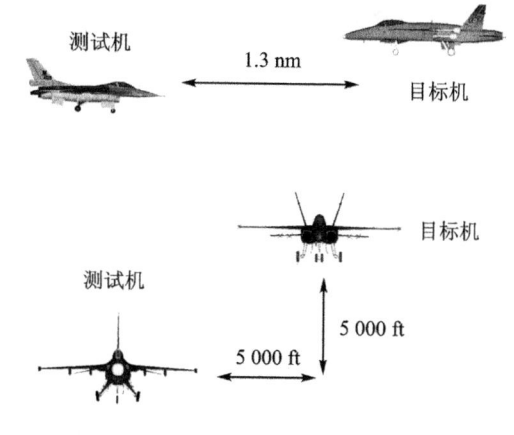

图 4.14　Shakenhausen 机动初始设置

Sharkenhausen 迎头截获过程,如图 4.15 所示。

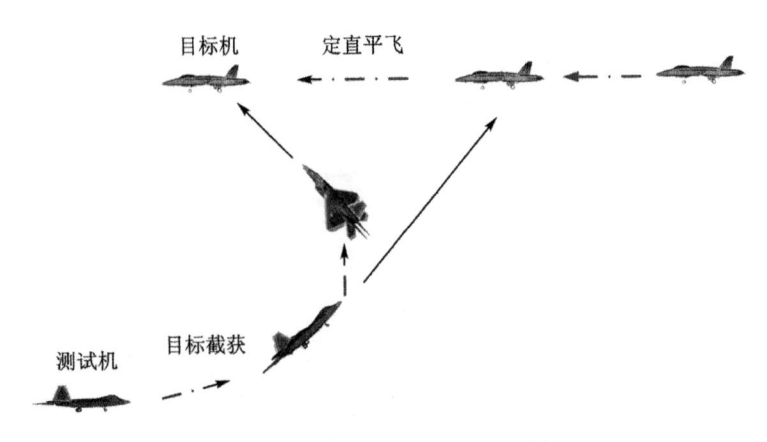

图 4.15 Shakenhausen 机动过程

【评估指标】

目标截获时间,截获超调次数。

> 期望的结果:期望时间内,急速截获目标点到 80 密位范围内,不多于 1 次超调完成作业。
> 适当的结果:适当时间内,急速截获目标点到 80 密位范围内,不多于 2 次超调完成作业。

【补充说明】

目标机的初始相对位置可变化,用于判定测试机的性能极限范围。

6. 双机机动任务汇总

将大迎角双机机动任务进行汇总,如表 4.5 所列。

表 4.5 大迎角双机任务

机动任务	相关性能	空战用途	评估指标	MTE 分类
上仰角捕获	俯仰控制能力	导弹发射 恐吓敌机 航炮攻击	截获时间 超调次数	D 类
大迎角横向粗截获	滚转控制能力	切换作战目标翻转机动 武器锁定	截获时间 超调次数	D 类
大迎角纵向粗截获	俯仰控制能力	武器锁定	截获时间 超调次数	D 类
交叉目标截获与跟踪	多轴向控制能力 多轴向协同性能	武器发射	截获时间 超调次数 30 密位内占比	A 类

续表 4.5

机动任务	相关性能	空战用途	评估指标	MTE 分类
Sharkenhausen 迎头截获	多轴向控制能力 多轴向协同性能	导弹发射 速度矢量管理	截获时间 超调次数	A 类

4.2.5 大迎角机动任务评估指标量化

大迎角机动评估指标不仅需要指定机动任务,更要明确与任务指标评估对应的量化标准。大迎角机动单机机动任务和双机机动任务都有明确给定的评估指标。例如,大迎角捕获机动对应的迎角捕获时间和超调、大迎角横向粗截获对应的目标捕获时间和超调等。部分机动任务采用库珀-哈珀等级标准以期望结果和适当结果的形式给出了近似定量的评估标准,但对于实际评估工作的开展,其量化准则还是过于模糊。为获得客观实用的大迎角机动量化评估指标,本书参考已有的军用飞行品质评估标准和评估经验,针对各项大迎角机动任务的实际特性,给出了推荐的量化标准。

从已有飞行品质研究经验来看,不论被评测系统是线性还是非线性、是低阶还是高阶,系统时间响应均能够综合地表征出系统的全部重要特征。相对的,对于战斗机大迎角机动任务,无论是单机机动中捕获迎角、俯仰角和航向角,还是双机机动中对目标机的捕获和跟踪,在大迎角机动任务响应的一定程度上,都可看做跟踪系统对输入指令的调节过程。空战中大迎角机动对机动任务的要求通常为实现过程迅速,部分机动还要求稳定的目标捕获和精确的持续跟踪,这些要求反映在跟踪系统上即对应跟踪过程调节时间快、误差小、超调小和振荡少等特性。

按照跟踪时间、误差、超调等响应特性,参照常见飞行品质评估标准,将大迎角机动任务对应的飞行品质等级划分为三等:

- ➢ 一级品质:飞机能够迅速、精确且平稳地完成给定大迎角机动任务,达到预期的机动完成效果。
- ➢ 二级品质:飞机能够比较迅速地完成给定大迎角机动任务,精度和超调都位于允许范围之内,机动完成效果有所降低但仍可接受。
- ➢ 三级品质:飞机执行任务时响应缓慢、达不到给定精度或振荡剧烈,不能有效地完成给定任务。

面向任务的大迎角机动评估指标对应的量化标准如表 4.6 所列。其中各机动任务中截获时间量化标准的选取参照机动所属的 MTE 分类及其所对应的轴向的机动响应时域特性,在超调次数计算时,按照超出稳态值 10% 为一次超调。

表 4.6 大迎角机动任务评估指标量化标准

机动任务	符号定义	一级品质	二级品质	三级品质
大迎角平飞	最大平飞迎角 α_{max}	$\alpha_{max} \geqslant 70°$	$30° \leqslant \alpha_{max} < 70°$	$\alpha_{max} < 30°$
大迎角捕获	迎角捕获时间 t_C/s 超调次数 σ	$t_C \leqslant 2$ σ 不超 1 次	$2 < t_C \leqslant 2.5$ σ 不超 2 次	$2.5 < t_C \leqslant 3$ σ 超过 2 次

续表 4.6

机动任务	符号定义	一级品质	二级品质	三级品质
大迎角滚转与捕获	截获航向时间 t_C/s 超调次数 σ 最大滚转速率 $p_{max}/[(°)·s^{-1}]$	$t_C \leq 10$ σ 不超 1 次 $p_{max} \geq 60$	$10 < t_C \leq 15$ σ 不超 2 次 $60 > p_{max} \geq 40$	$t_C > 15$ σ 超过 2 次 $p_{max} < 40$
眼镜蛇机动	俯仰角截获时间 t_C/s 任务完成总时间 T/s	$t_C \leq 2$ $T \leq 6$	$2 < t_C \leq 2.5$ $6 < T \leq 8$	$t_C > 2.5$ $T > 8$
Herbst 机动	迎角捕获时间 t_C/s 航向改变 180° 时间 T/s	$t_C \leq 2$ $T \leq 15$	$2 < t_C \leq 2.5$ $15 < T \leq 20$	$t_C > 3$ $T > 20$
上仰角捕获	截获时间 t_C/s 超调次数 σ	$t_C \leq 4$ σ 不超 1 次	$4 < t_C \leq 6$ σ 不超 2 次	$t_C > 6$ σ 超过 2 次
大迎角横向粗截获	截获时间 t_C/s 超调次数 σ	$t_C \leq 3$ σ 不超 1 次	$3 < t_C \leq 5$ σ 不超 2 次	$t_C > 5$ σ 超过 2 次
大迎角纵向粗截获	截获时间 t_C/s 超调次数 σ	$t_C \leq 4$ σ 不超 1 次	$4 < t_C \leq 6$ σ 不超 2 次	$t_C > 6$ σ 超过 2 次
交叉目标截获与跟踪	截获时间 t_C/s 超调次数 σ 30 密位内占比 ζ	$t_C \leq 5$ σ 不超 1 次 $\zeta \geq 50\%$	$5 < t_C \leq 8$ σ 不超 2 次 $10\% \leq \zeta < 50\%$	$t_C > 8$ σ 超过 2 次 $\zeta < 10\%$
Sharkenhausen 迎头截获	截获时间 t_C/s 超调次数 σ	$t_C \leq 4$ σ 不超 1 次	$4 < t_C \leq 6$ σ 不超 2 次	$t_C > 6$ σ 超过 2 次

4.3 本章小结

随着新的过失速机动任务的出现以及飞机过失速机动能力的更新,传统的飞行品质评估标准也需要不断地跟进和改善。本章针对大迎角机动的评估标准问题,从敏捷性研究和面向机动任务的评估技术两方面出发,参照已有的军用飞行品质评估标准和评估项目,筛选、补充和整理出了一整套用于大迎角机动评估的评估标准,并给出相应的量化准则,用于支持先进战斗机的过失速机动研究。

敏捷性评估方面,从俯仰敏捷性、扭转敏捷性和空战能力敏捷性三个层面出发,综合考察了战斗机大迎角机动的敏捷性能。为迎合大迎角机动面向实际空战任务的特性,采用 MTE 方法进行了任务分解,并归纳整理出反映空战实际需求的单机机动任务和双机机动任务。所有评估指标均按照规范格式进行表述,以便于评估工作的进行和后续研究的扩展。

第 5 章 大迎角非线性控制与机动评估仿真验证

战斗机飞行品质标准的提出需通过分析估算、仿真实验及飞行试验等加以充分论证和研究,为全面验证本书第 4 章中所提出的大迎角机动敏捷性评估指标及机动任务评估指标的适用性和可操纵性,本章针对第 3 章 3.2 节中给出的大迎角机动非线性动态逆控制方案,进行了控制性能评估仿真验证工作。对大迎角敏捷性评估指标和机动任务评估指标逐一进行仿真,并在仿真结果分析的基础上给出非线性控制方案所对应的大迎角机动飞行品质等级。为方便后续大迎角机动评估工作的开展,按照书中所提出的评估框架和量化标准开发了大迎角机动飞行品质评估软件,并利用 FlightGear 软件搭建了大迎角机动评估单机/多机机动可视化仿真平台。

5.1 敏捷性仿真验证与评估

5.1.1 俯仰敏捷性仿真

1. 最大俯仰角速度仿真

在低速初始条件下,给以最大俯仰角速度指令,指令持续到仿真结束,则采用推力矢量控制分配设计的飞机角速度控制系统的俯仰角速度响应如图 5.1 所示。飞机俯仰角速度在 2 s 左右即上升到最大值附近,最大值约为 80(°)/s,对应大迎角机动敏捷性指标量化标准中的一级品质。

在小动压条件下,如仅依靠气动舵面进行最大俯仰角指令跟踪,则对应的仿真结果如图 5.2 所示。即便升降舵已偏转至极限位置,其对应的最大俯仰角速度值也仅能达到 35(°)/s 左右,且当迎角继续增大时,俯仰角速度值开始随之下降。通过仿真结果对比可知,要在小动压大迎角下实现飞机的快速俯仰机动,提高俯仰敏捷性,必须依靠推力矢量,这也是本书中以动压和迎角值作为权限因子,采用力矩补偿权限分配的控制分配方案的设计依据。

不同动压下飞机所能达到的最大俯仰角速度值有所差异,如表 5.1 所列。其中 q_{maxTV} 表示利用推力矢量能够达到的最大俯仰角速度,$q_{max\delta_e}$ 表示利用升降舵所能达到的最大俯仰角速度。动压越大,使用推力矢量能够达到的最大俯仰角速度越小,这是由于随动压增大,飞机俯仰操纵气动阻尼也增大而导致。采用升降舵能够达到的最大俯仰角速度随动压增大而增大,这是由于气动力矩随之增大所致。在大动压下,气动舵面的俯仰控制效益可赶上甚至超过推力矢量,此时不使用推力矢量,即保证

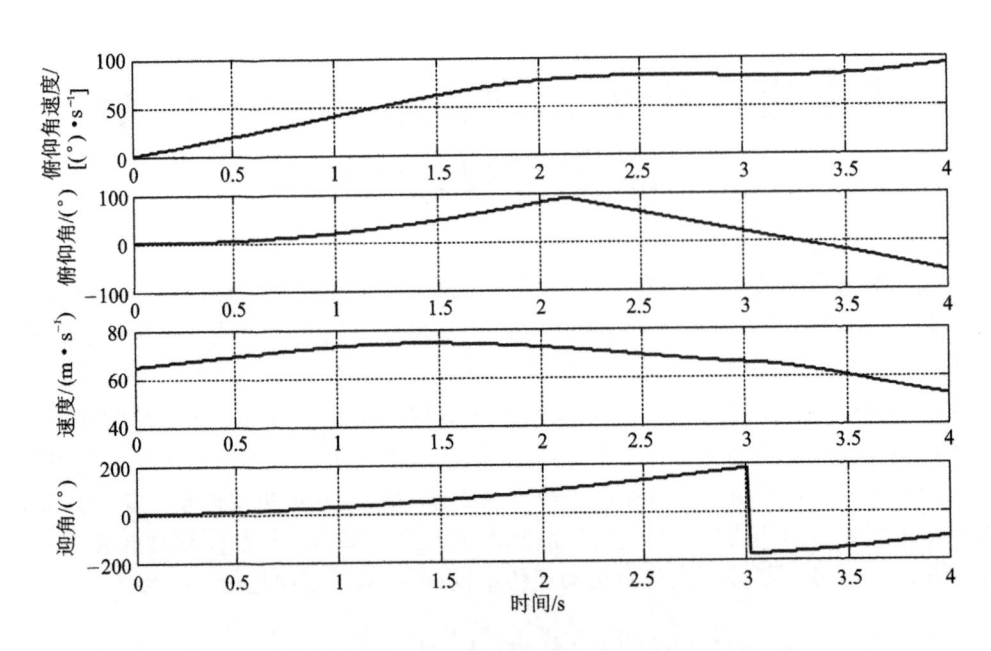

图 5.1 推力矢量控制下的最大俯仰角速度响应

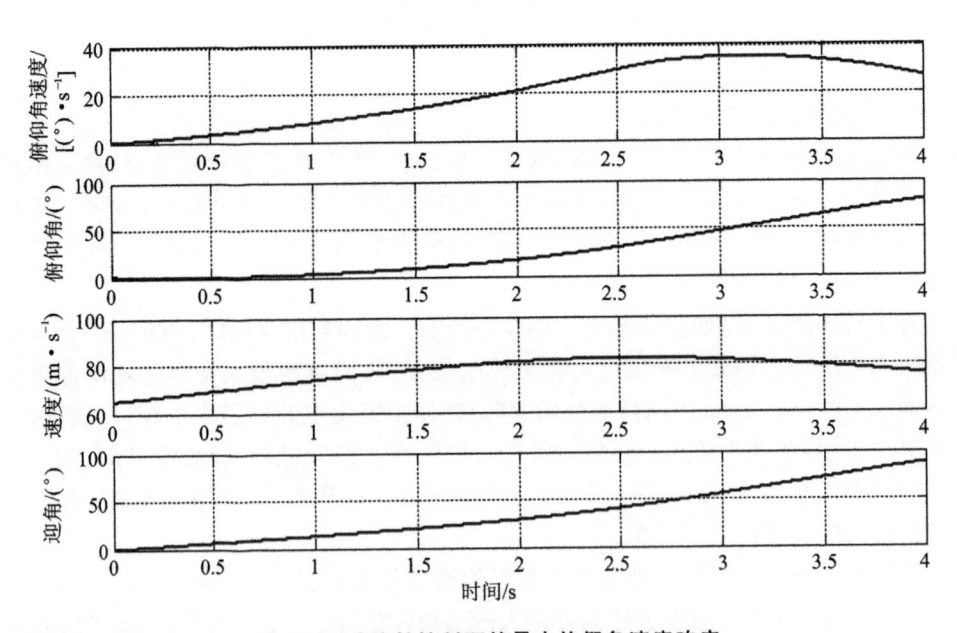

图 5.2 升降舵控制下的最大俯仰角速度响应

了控制效益,又避免了推力矢量偏转带来的能量损耗。

表 5.1 不同动压下最大俯仰角速度对比

平均动压/Pa	平均速度/(m·s^{-1})	$q_{maxTV}/[(°)·s^{-1}]$	$q_{max\delta_e}/[(°)·s^{-1}]$
2 600	80	75	44
1 600	67	80	35
1 300	57	85	30

2. Chalk 尺度仿真

飞机初始以 32°迎角平飞，高度为 4 000 m，对应初始速度为 60 m/s。在 1 s 时刻，给以阶跃形式的俯仰角速度指令，并持续到仿真结束，采用含推力矢量控制分配设计的飞机角速度控制系统的俯仰角速度阶跃响应如图 5.3 所示。上升时间约为 1.5 s，延迟时间 0.08 s，且无超调出现，刚好满足 Chalk 尺度对应的俯仰敏捷性指标一级品质标准。

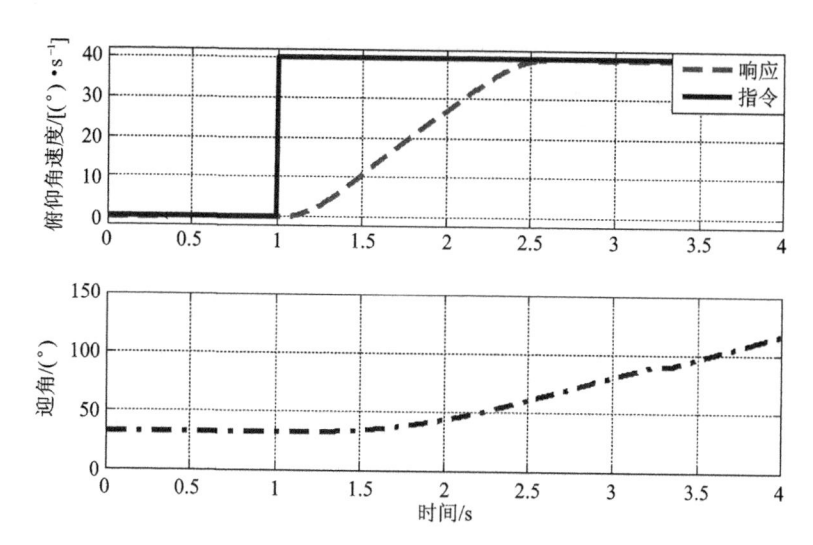

图 5.3 推力矢量控制下的俯仰角速度响应

仅使用升降舵时的俯仰角速度跟踪曲线，如图 5.4 所示。由于大迎角下的气动控制效益不足，俯仰角速度响应在仿真结束时还未达到指令给定值，且上升速度缓慢，这同样说明了推力矢量对于飞机大迎角机动敏捷性提升的重要作用。

3. 上仰/下俯敏捷性仿真

飞机大迎角机动上仰/下俯敏捷性对应的指令为俯仰角指令。在 1 s 时刻，对处于大迎角平飞状态的飞机施加阶跃形式的俯仰角控制指令，并持续到仿真结束，对应的上仰角指令响应和下俯角指令响应分别如图 5.5 和图 5.6 所示。

上仰和下俯指令跟踪过程中，响应延迟约为 0.1 s，上升时间接近 2 s，且响应无超调。说明采用书中给出的姿态角动态逆解耦控制及参考模型设计方法能够实现大迎角机动敏捷性指标对应的一级品质要求。

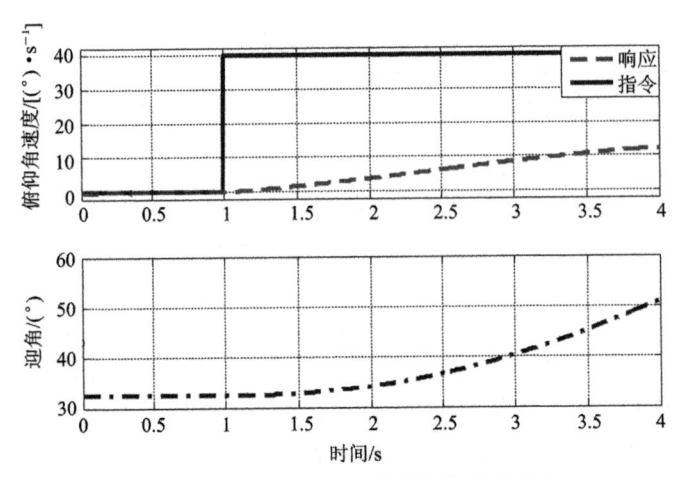

图 5.4　升降舵控制下的俯仰角速度响应

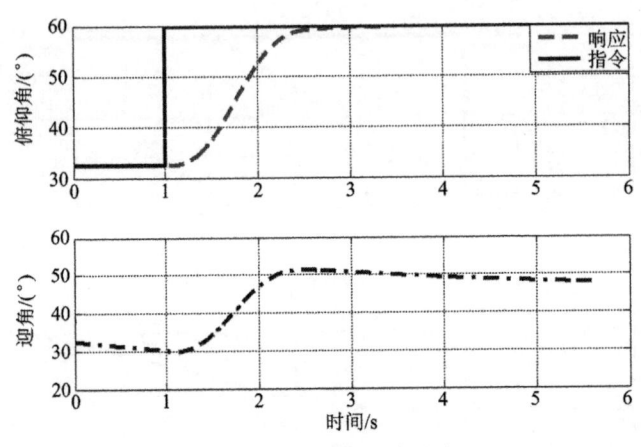

图 5.5　上仰角指令响应

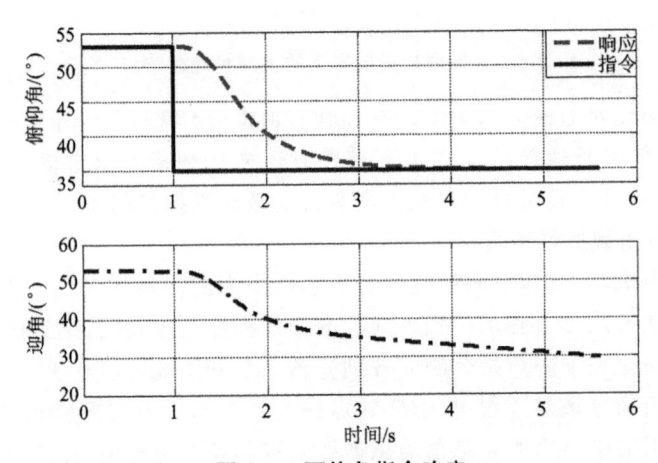

图 5.6　下俯角指令响应

5.1.2 扭转敏捷性仿真

1. T_{rc90} 尺度仿真

飞机初始以 33.8°迎角平飞,高度为 4 000 m,对应初始速度为 54 m/s。在 1 s 时刻,给以阶跃形式的航迹滚转角指令,并持续到仿真结束,则对应的飞机航迹滚转角响应如图 5.7 所示。稳定截获 90°航迹滚转角时间约为 1 s,仅有一次小幅振荡,其超调可以忽略,满足 T_{rc90} 尺度对应的大迎角机动扭转敏捷性一级品质,证明了本书所给出的气流角解耦控制方案的良好滚转控制效能。

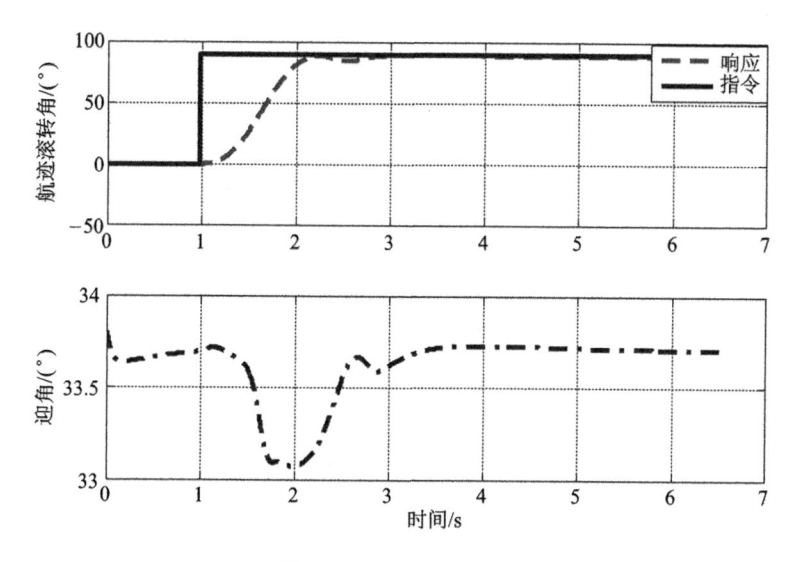

图 5.7 T_{rc90} 尺度仿真

2. T_{rt90} 尺度仿真

仿真初始条件同 T_{rc90} 尺度仿真时一致。在 1 s 时刻以最大权限控制飞机进行滚转机动,在 1 s 以内飞机即绕速度轴滚过 90°,满足 T_{rt90} 尺度给出的一级品质标准,响应如图 5.8 所示。

3. TA 尺度仿真

由 TA 尺度的定义公式(4.1)可知,TA 尺度同时取决于 T_{rc90} 值和转弯角速率。具有大转弯速率与大 T_{rc90} 值的飞机,其 TA 值有可能和具有小转弯速率与小 T_{rc90} 值的飞机相同,这是由于在通常情况下,在小动压下,飞机绕速度轴滚转慢,但转弯快;在大动压下,飞机滚转快,但是转弯慢。由于推力矢量提供了更大的偏航力矩,使飞机能够实现小动压下的绕速度轴快速滚转,并结合小动压下的快速转弯特性,使得飞机能够更快地改变航迹和指向,对应更高的机动敏捷性,也同样对应更大的 TA 值。因此采用 TA 尺度评价飞机大迎角机动扭转敏捷性,能够很好地反映飞机的横侧向机动控制能力。

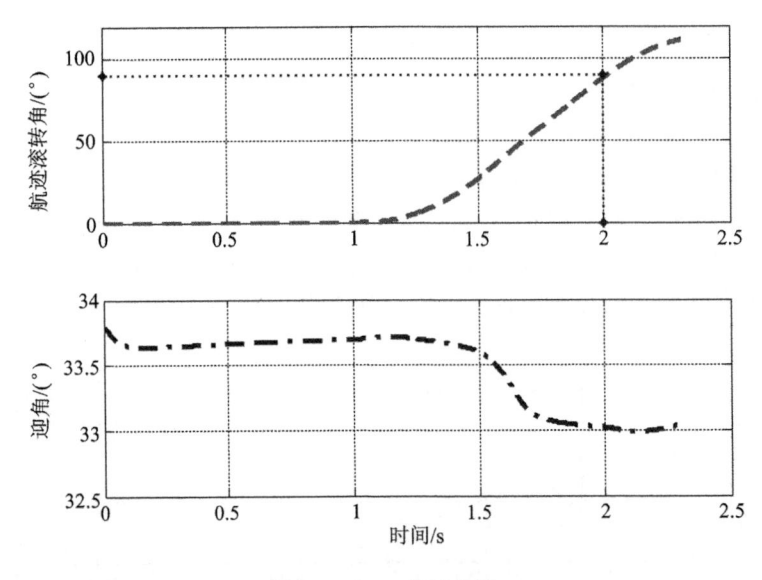

图 5.8　T_{rt90} 尺度仿真

仿真中不同迎角和速度下的飞机转弯速率值,如表 5.2 所列。由于不同迎角下的 T_{rc90} 值较为接近,因此低速大迎角条件下滚转机动具有更高的转弯速率,也即拥有更高的 TA 值。

表 5.2　不同迎角和速度下的转弯速率

迎角/(°)	平均速度/(m·s^{-1})	转弯速率/[(°)·s^{-1}]
53	60	18
30	70	15
13	120	9
5	200	4.5

4. 最大滚转角速度仿真

同最大俯仰角速度仿真相似,在不同动压下,飞机能够达到的最大滚转角速度不同,如表 5.3 所列。其中 p_{maxTV} 表示利用推力矢量能够达到的最大滚转角速度,$p_{max\delta a}$ 表示利用副翼所能达到的最大滚转角速度。动压越大,使用推力矢量能够达到的最大滚转角速度越小,而使用副翼所能达到的最大滚转角速度越大。

表 5.3　不同动压下最大滚转角速度对比

平均动压/Pa	初始速度/(m·s^{-1})	p_{maxTV}/[(°)·s^{-1}]	$p_{max\delta a}$/[(°)·s^{-1}]
2 600	80	95	82
1 600	67	103	63
1 300	57	124	52

使用推力矢量控制分配设计的飞机角速度控制系统能够在表 5.3 所列的所有低速小动压条件下,实现超过 90 (°)/s 的最大滚转角速度,对应满足扭转敏捷性指标给出的一级品质标准。

5.1.3 空战能力敏捷性仿真

1. 指向裕度仿真

初始时刻两机在 4 000 m 高空以 155 m/s 的初速相向平飞。在 0 s 时刻经过并分离,同时开始执行上仰机动。假定敌机为无推力矢量控制的常规战机,有相应的迎角限幅,以 15°迎角指令进行拉起,如图 5.9 所示。而我机采用书中所设计的解耦控制构型和控制分配方案,利用推力矢量拉起 60°迎角用以快速改变指向,如图 5.10 所示。则在 12 s 时刻,我机已构成对敌机的目标指向,如图 5.11 所示。此时我机俯仰角为 172°,敌机俯仰角为 60°,指向裕度值 PM 为 128°。

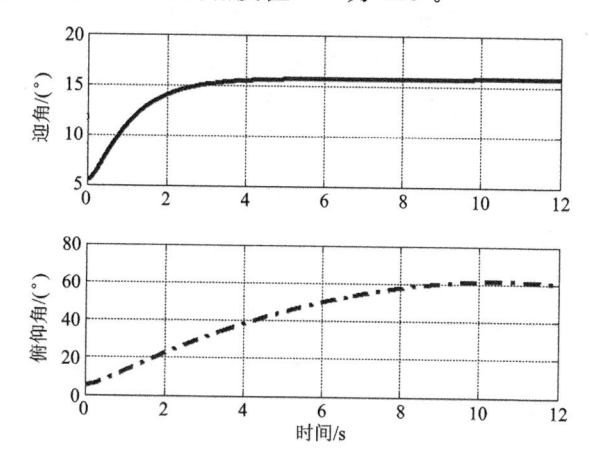

图 5.9　指向裕度仿真中敌机迎角和俯仰角响应

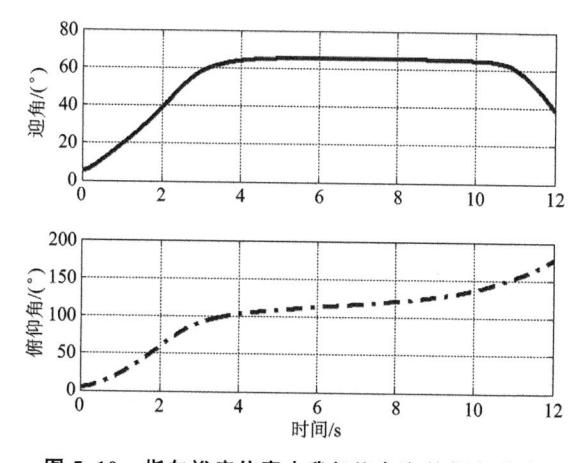

图 5.10　指向裕度仿真中我机迎角和俯仰角响应

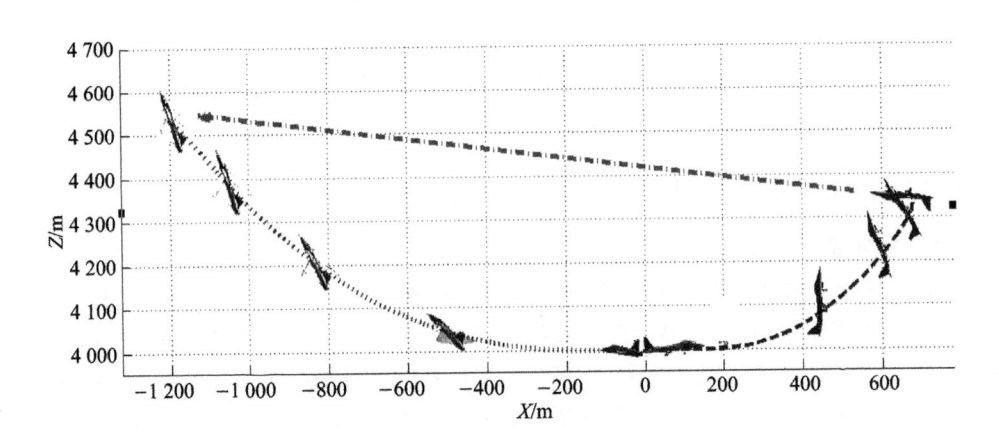

图 5.11 指向裕度仿真结果

指向裕度指标用于评估飞机指向目标的快慢程度,提升指向能力也正是飞机执行大迎角机动的主要目的之一,因此利用指向裕度进行飞机大迎角机动敏捷性评估,有面向空战任务的意味存在,能够很好地反映飞机的空战效能。从仿真中还可看出,具有推力矢量的飞机,可通过大迎角下的快速减速和姿态控制实现对目标的优先指向和先敌开火,从而进一步论证了推力矢量研究的必要性。

2. RSD 尺度仿真

初始时刻两机以 155 m/s 的初速同向平飞。在 0 时刻同时开始执行上仰机动用于减速。同指向裕度仿真相同,假定敌机为无推力矢量控制的常规战机,有迎角限幅,以 15°迎角指令进行拉起,并在 7 s 时刻进行俯仰操控近似恢复至初始迎角,如图 5.12 所示。我机采用书中所设计解耦控制构型和控制分配方案,利用推力矢量拉起 55°迎角减速,并在 4 s 时刻开始恢复至初始迎角范围,如图 5.13 所示。仿真在 12 s 时刻结束,此时我机的前进距离为 929 m,敌机前进范围为 1 297 m,RSD 值为 368 m。

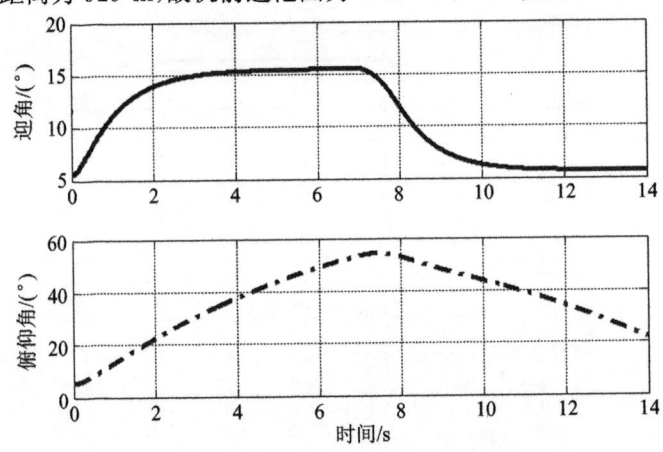

图 5.12 RSD 尺度仿真中敌机迎角和俯仰角响应

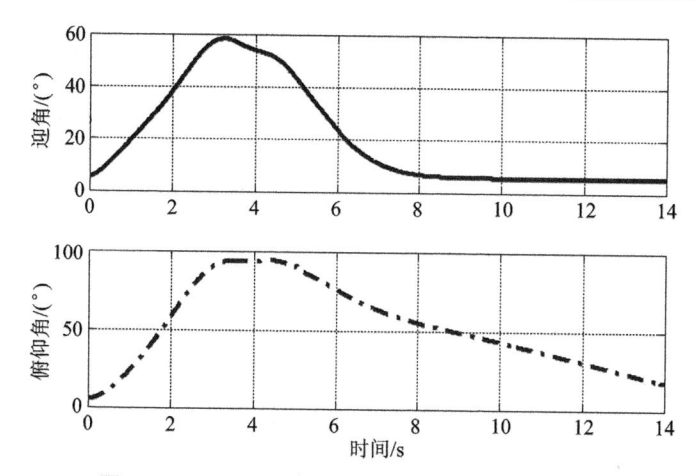

图 5.13　RSD 尺度仿真中我机迎角和俯仰角响应

图 5.14 为双机机动的纵向轨迹曲线。图中显示出具有推力矢量控制的飞机能够通过拉起大迎角实现快速减速,在机动中获得更高的 RSD 值,从而获得更为有利的攻击位置。RSD 尺度的提出,进一步证明了大迎角过失速机动在提升空战效能方面的优势。

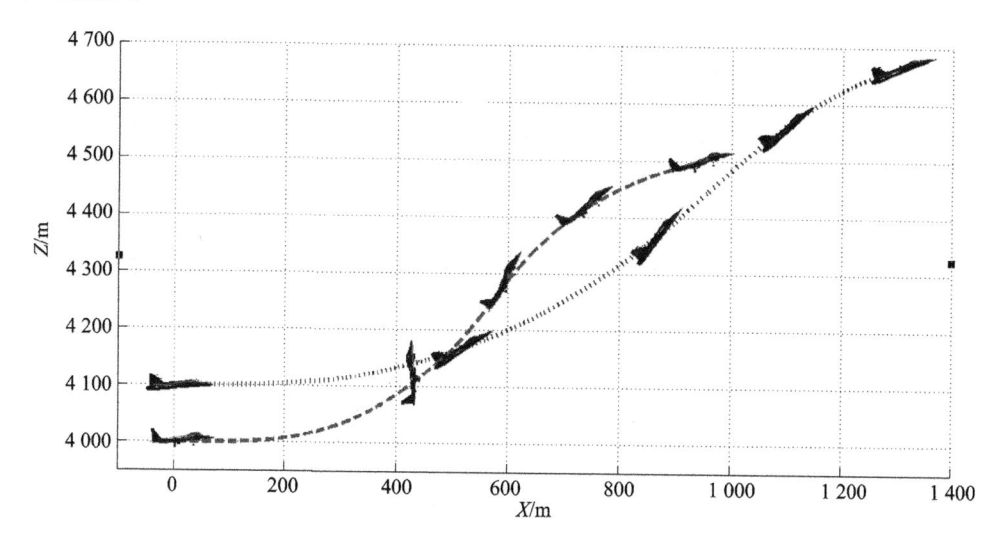

图 5.14　RSD 尺度仿真结果

3. 空战周期仿真

按照给定的空战周期实现方式进行仿真验证,得到空战周期的仿真结果如图 5.15 所示。飞机初始时刻以 155 m/s 的速度进行平飞,首先稳定截获 90°滚转角,对应 t_1 段时间约为 2 s;此后拉起 30°迎角,进入转弯状态,飞机转过 180°所需的时间 t_2 为 7.4 s;随后飞机卸载,使迎角恢复至初始附近,同时滚回,对应 t_3 约为 3 s;此后飞机加速恢复至初始速度水平,对应时间 t_4 为 4 s 左右;整个空战周期总共耗时 16.4 s。

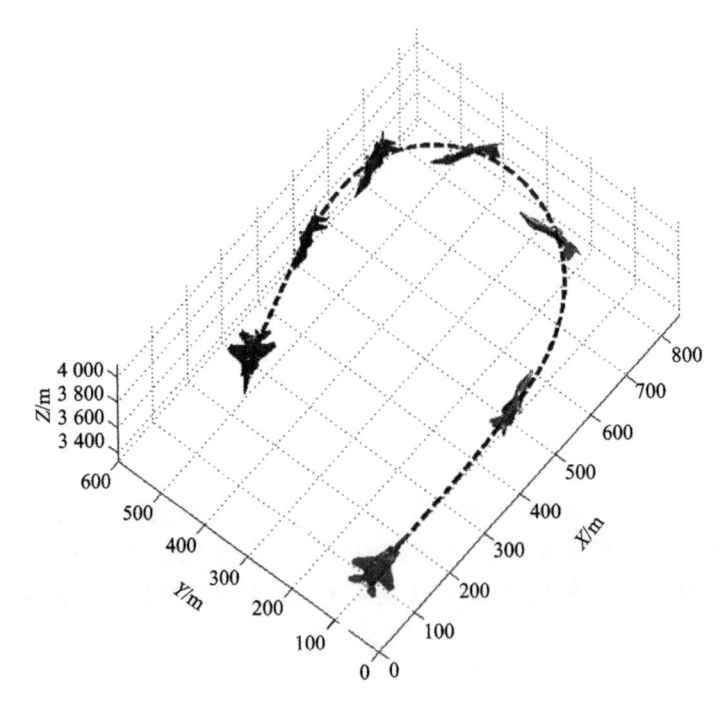

图 5.15 空战周期仿真结果

空战周期指标的提出,用于综合评估飞机所具有的大迎角机动俯仰敏捷性和扭转敏捷性,是以空战为背景的敏捷性评估指标,适用于飞机空战敏捷性的比对研究。

5.2 面向任务的机动仿真验证及评估

5.2.1 单机机动任务仿真

1. 大迎角平飞仿真

飞机平飞状态一般指当合外力和合外力矩为零时,飞机在给定高度和速度条件下实现的平飞基准运动。大迎角平飞为飞机进行大迎角机动的基础,为考察书中非线性飞机模型所能实现的最大平飞迎角,分别采用升降舵和推力矢量对飞机进行力和力矩配平计算,并采用优化方法得到对应的升降舵和推力矢量偏转值,结果如表 5.4 所列。

表 5.4 飞机配平结果

高度/m	速度/(m·s^{-1})	迎角/(°)	推力/N	升降舵偏角/(°)	推力矢量偏角/(°)
5 000	36	68.9	100 548	0.00	−1.47
5 000	42	59.3	93 102	0.00	−0.63
5 000	46	50.6	84 055	0.00	0.49

续表 5.4

高度/m	速度/(m·s^{-1})	迎角/(°)	推力/N	升降舵偏角/(°)	推力矢量偏角/(°)
5 000	49	41.8	71 856	0.00	1.93
5 000	56	30.3	54 655	0.00	4.62
5 000	65	21.9	38 895	21.53	0.00
5 000	75	17.0	31 495	14.20	0.00
5 000	105	9.9	19 983	5.91	0.00

在迎角较小时，采用升降舵能够有效进行飞机配平。随着迎角逐渐增大到30°以上，飞机本体俯仰力矩快速下降，加之气动舵面效益的降低，导致满偏后的升降舵仍无法有效配平俯仰力矩。此后引入推力矢量，保证了大迎角下的足够控制效益，使飞机最大配平迎角提升至68.9°。

2. 大迎角捕获仿真

飞机初始以13.5°迎角平飞，高度为4 000 m，对应初始速度为80 m/s。在1 s时刻，给以阶跃形式的迎角控制指令，并持续到仿真结束，对应的飞机迎角响应如图5.16所示。

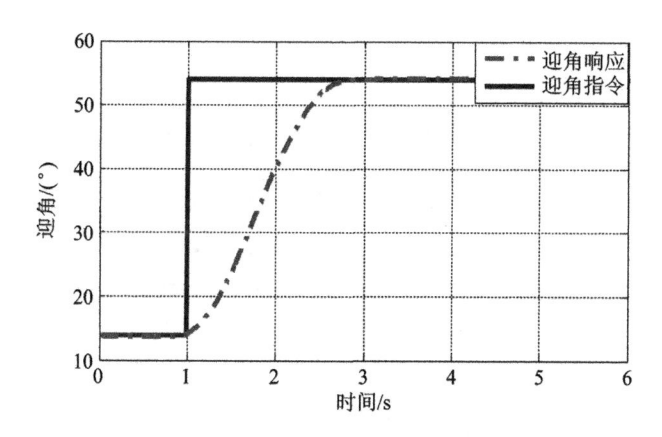

图 5.16 大迎角捕获仿真结果

飞机稳定捕获53°迎角时间约为2 s，且调节过程无超调，满足大迎角机动任务指标量化标准对应的大迎角捕获一级品质，证明了本书所给出的气流角解耦控制方案的良好俯仰控制效能。

过失速机动的目标之一在于获得更快的机头指向性能。大多数过失速机动都需先捕获较大的迎角，因此迎角捕获是评估过失速机动能力的首要指标。采用获取目标迎角的时间作为评估尺度时，其性能不仅体现在跟踪精度上，还需要稳定保持用以建立之后的各种机动。

3. 大迎角滚转与捕获仿真

按照给定的大迎角滚转与捕获机动内容进行仿真验证，得到大迎角滚转与捕获机动过程中飞机关键状态量的响应结果,如图 5.17 所示。飞机初始时刻飞行速度为 170 m/s,配平迎角为 4.8°。

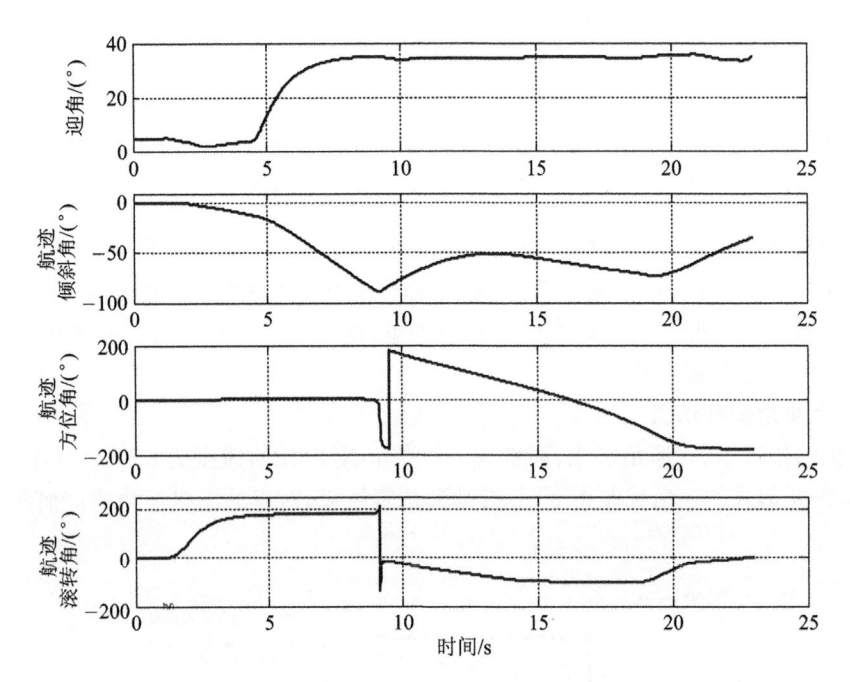

图 5.17 大迎角滚转与捕获机动各状态响应

机动开始时,首先截获近 180°航迹滚转角,使飞机进入倒飞;随后拉起 35°迎角改变速度方向,直至与大地垂直;保持迎角,同时进行绕速度轴的滚转机动,使航迹方位角迅速改变 360°;最后将飞机回滚到平飞状态附近。机动过程中航向截获时间为 11 s,最大滚转角速率为 54(°)/s,航向截获过程中没有超调,达到了大迎角机动任务评估对应的二级飞行品质。

大迎角滚转与捕获过程中飞机运动情况,如图 5.18 中所示。

4. 眼镜蛇机动仿真

按照给定的眼镜蛇机动内容进行仿真验证,得到眼镜蛇机动过程中飞机关键状态量的响应结果如图 5.19 所示。飞机初始时刻飞行速度为 155 m/s,配平迎角为 5.2°。

机动开始后,飞机快速向后拉起,并按照给定的俯仰角控制指令,迅速截获 115°俯仰角并保持 2 s 左右使飞机快速减速,之后操纵飞机俯仰使之恢复至初始状态附近。机动过程中俯仰角捕获时间为 1.7 s,任务完成总时间为 5 s 左右,达到了大迎角机动任务评估对应的一级飞行品质要求。眼镜蛇机动过程如图 5.20 所示。

5. Herbst 机动仿真

按照给定的 Herbst 机动内容进行仿真验证,得到 Herbst 机动过程中飞机关键状态量的响应结果,如图 5.21 所示。飞机初始时刻飞行速度为 105 m/s,配平迎角为 9.8°。

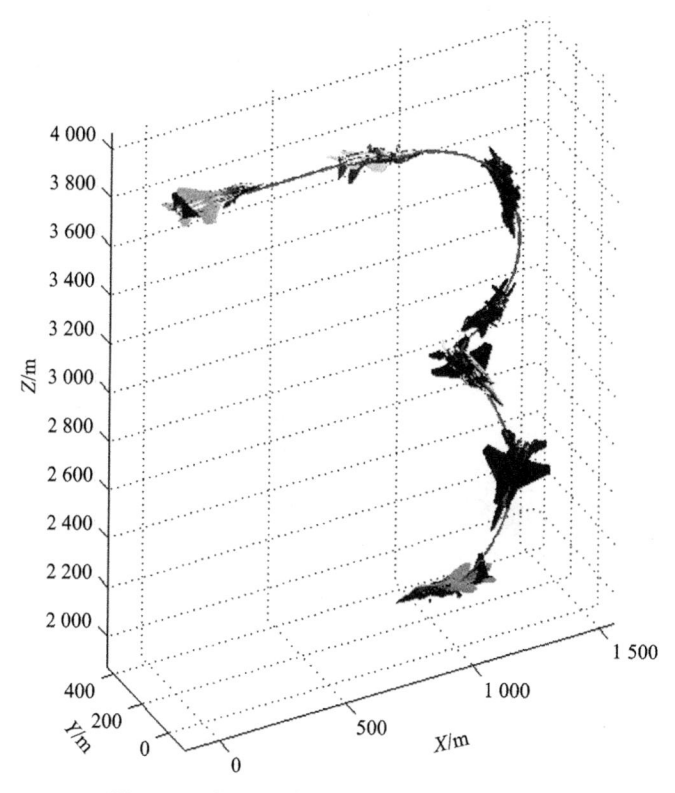

第 5 章　大迎角非线性控制与机动评估仿真验证 · 105 ·

图 5.18　大迎角滚转与捕获机动过程

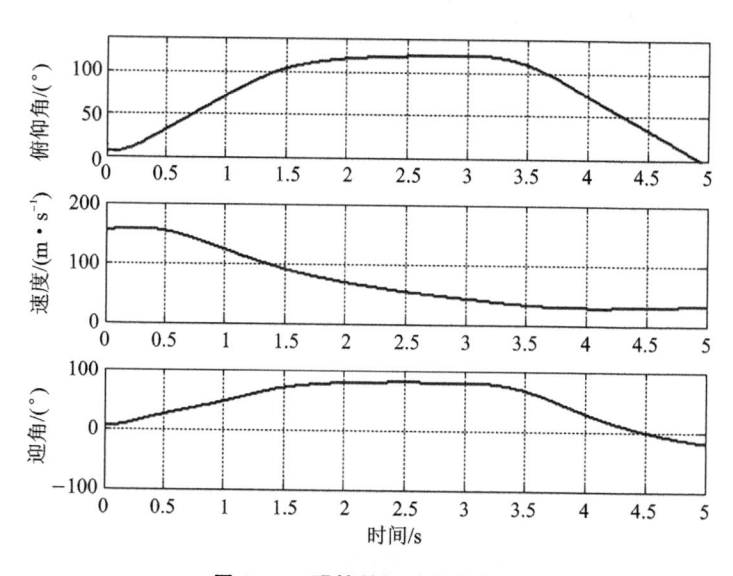

图 5.19　眼镜蛇机动各状态响应

机动开始后,首先拉起 40°迎角使飞机减速;随后保持迎角控制,给予滚转控制

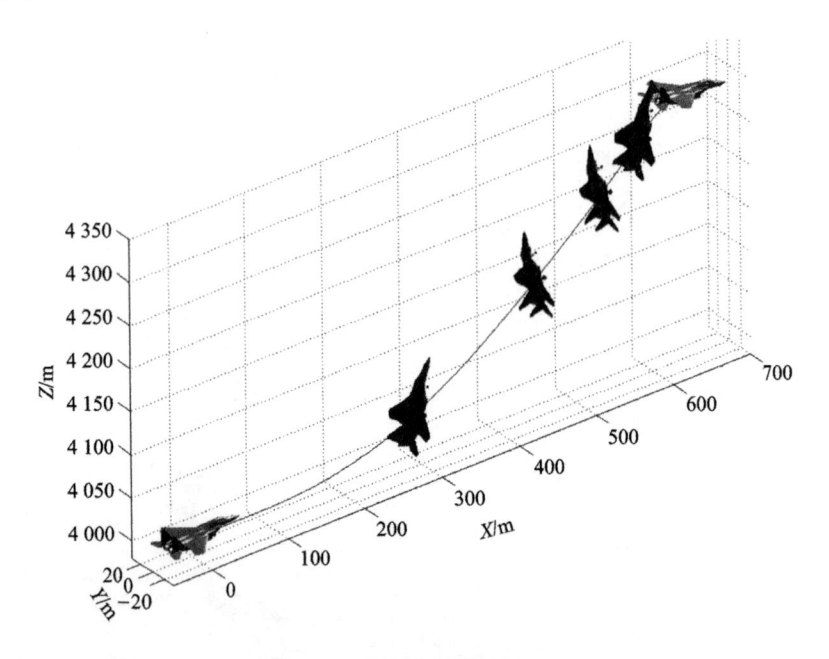

图 5.20　眼镜蛇机动过程

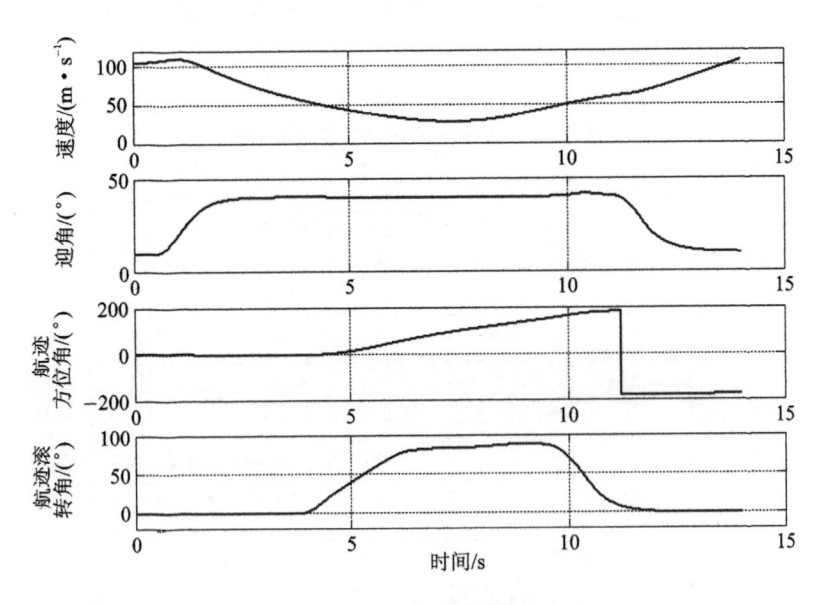

图 5.21　Herbst 机动各状态响应

指令,使飞机绕速度轴进行滚转,直至航迹方位角改变 180°。之后减小迎角逐渐改出。机动过程中迎角捕获时间为 1.5 s,航向改变 180°时间为 14 s 左右,达到了大迎角机动任务评估对应的一级飞行品质要求。Herbst 机动过程如图 5.22 所示。

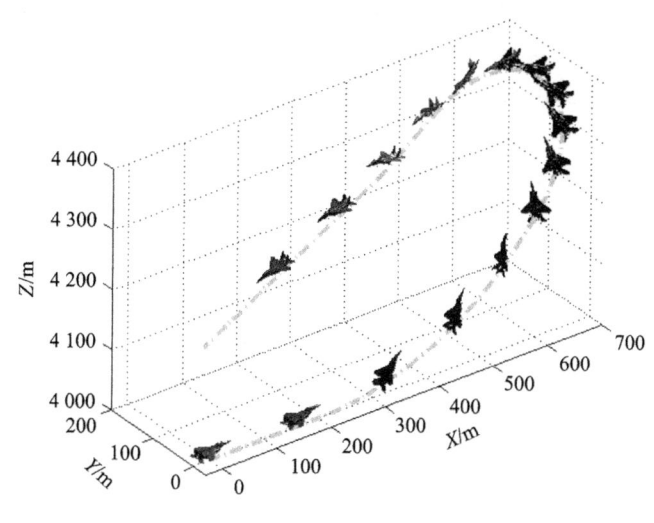

第 5 章 大迎角非线性控制与机动评估仿真验证

图 5.22 Herbst 机动过程

5.2.2 双机机动任务仿真

1. 上仰角捕获机动仿真

按照给定的上仰角捕获机动内容进行仿真验证。目标机和测试机初始时刻飞行速度均为 155 m/s,配平迎角为 5.5°,二者水平方向距离为 300 m,垂直方向距离为 900 m,测试机位于目标机的下后方。仿真得到的上仰角捕获机动过程中测试机俯仰角及捕获误差动态响应,如图 5.23 所示。

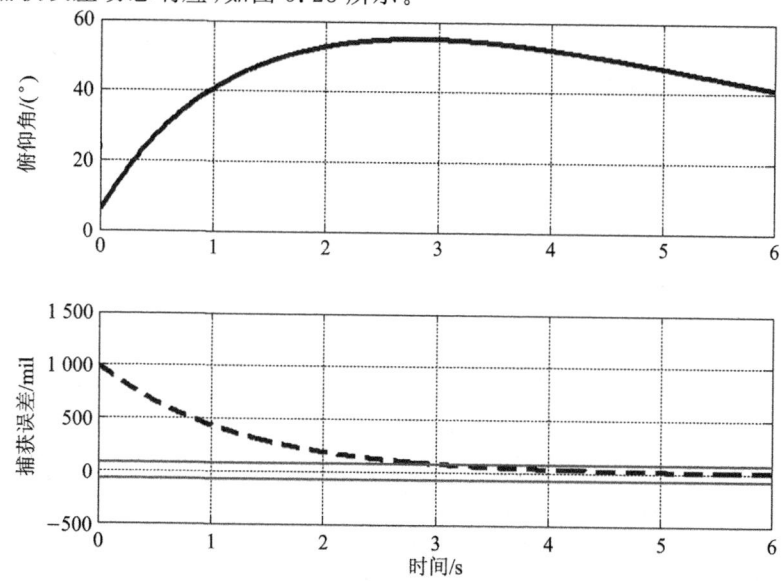

图 5.23 上仰角捕获机动中的俯仰角及捕获误差

机动开始后,测试机迅速拉起俯仰角并追踪期望的捕获角度,捕获误差迅速下降,3 s 左右截获目标点到 80 密位误差线范围内,且在随后的机动过程中保持对目标机的持续精确跟踪直至仿真结束。在上仰角捕获过程中,没有超调出现,满足了大迎角机动任务评估对应的一级飞行品质要求,也证明了书中给出的姿态角动态逆解耦控制对应的良好俯仰机动性能。

上仰角捕获机动过程如图 5.24 所示。

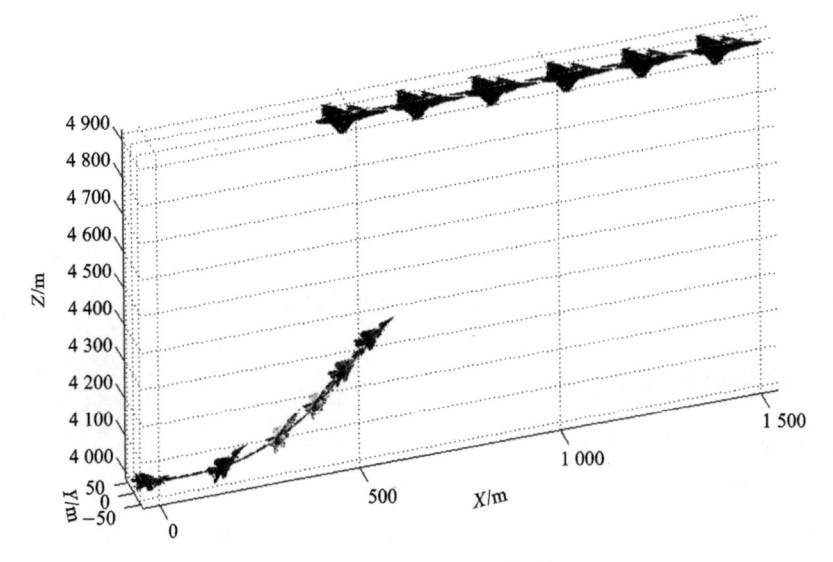

图 5.24 上仰角捕获机动过程

2. 大迎角横向粗截获仿真

按照给定的大迎角横向粗截获机动内容进行仿真验证,目标机和测试机初始状态按照评估机动要求进行设置。仿真得到的大迎角横向粗截获机动过程中测试机迎角及横向截获误差动态响应如图 5.25 所示。

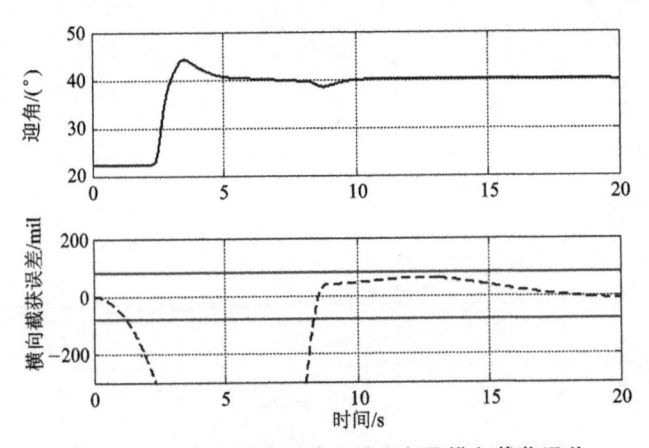

图 5.25 横向粗截获机动中的迎角及横向截获误差

机动开始后,测试机迅速建立 40°迎角,随后等待片刻,急速滚转并横向截获目标。截获目标点到 80 密位误差线范围内的时间为 2.5 s,且在随后的机动过程中保持对目标机的持续横向精确跟踪直至仿真结束。截获过程无超调出现。机动对应的评估指标满足大迎角机动任务评估对应的一级飞行品质要求,说明了书中给出的气流角动态逆解耦控制对应的良好滚转机动性能。

大迎角横向粗截获机动过程如图 5.26 所示。

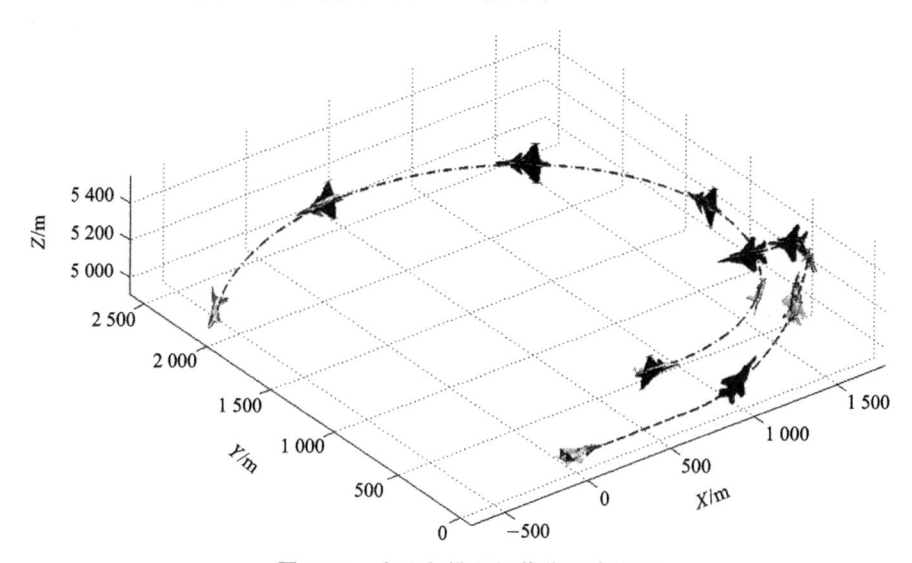

图 5.26 大迎角横向粗截获机动过程

3. 大迎角纵向粗截获仿真

按照给定的大迎角纵向粗截获机动内容进行仿真验证,目标机和测试机初始状态按照评估机动要求进行设置。仿真得到的大迎角纵向粗截获机动过程中测试机迎角及纵向截获误差动态响应如图 5.27 所示。

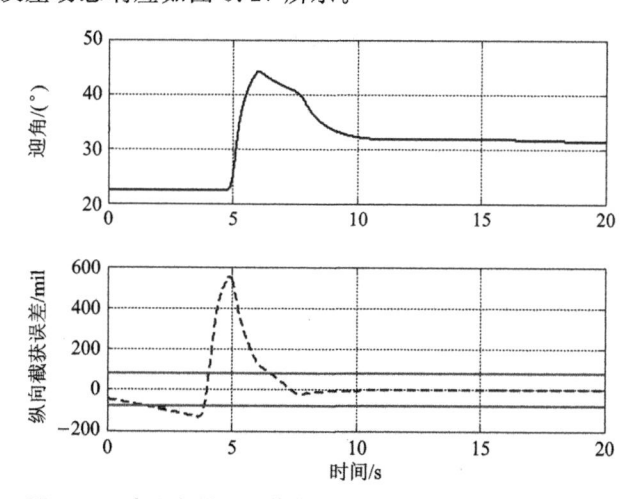

图 5.27 大迎角纵向粗截获机动中的迎角和纵向截获误差

机动开始后,测试机首先滚转到目标所在的机动平面,等待目标机达到预定的指向偏差时,迅速拉起迎角截获目标点到 80 密位误差线范围内,对应的截获时间为 2.2 s。随后的机动过程中保持对目标机的持续纵向精确跟踪直至仿真结束。截获过程无超调出现。机动对应的评估指标满足大迎角机动任务评估对应的一级飞行品质要求,验证了书中给出的指向控制方案对应的良好纵向指向性能。

大迎角纵向粗截获机动过程如图 5.28 所示。

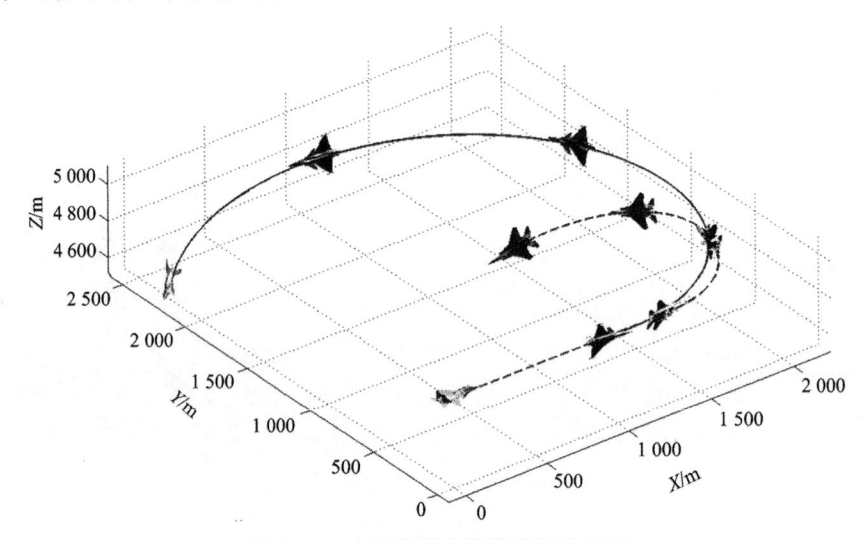

图 5.28 大迎角纵向粗截获机动过程

4. 交叉目标截获与跟踪机动仿真

按照给定的交叉目标截获与跟踪机动内容进行仿真验证,目标机和测试机初始状态按照评估机动要求进行设置。仿真得到的交叉目标截获与跟踪机动过程中测试机迎角及截获误差动态响应如图 5.29 所示。

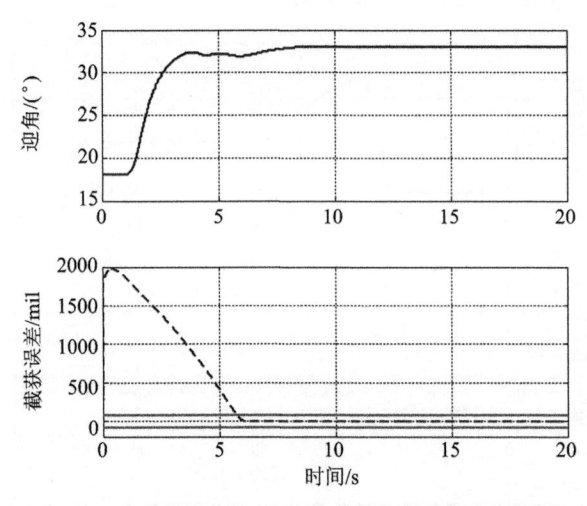

图 5.29 交叉目标截获与跟踪机动中的迎角和截获误差

目标机经过测试机后,开始以 5g 水平转弯转向测试机航线方向,并保持此转弯状态直到机动结束。测试机急速截获并跟踪目标到 30 密位误差线范围内,对应的截获时间为 5.2 s。随后的机动过程中保持对目标机的持续精确跟踪直至仿真结束。跟踪阶段目标位于 30 密位内的时间百分比超过 70%,截获过程无超调出现。机动对应的评估指标满足大迎角机动任务评估对应的二级飞行品质要求。

交叉目标截获与跟踪机动过程如图 5.30 所示。

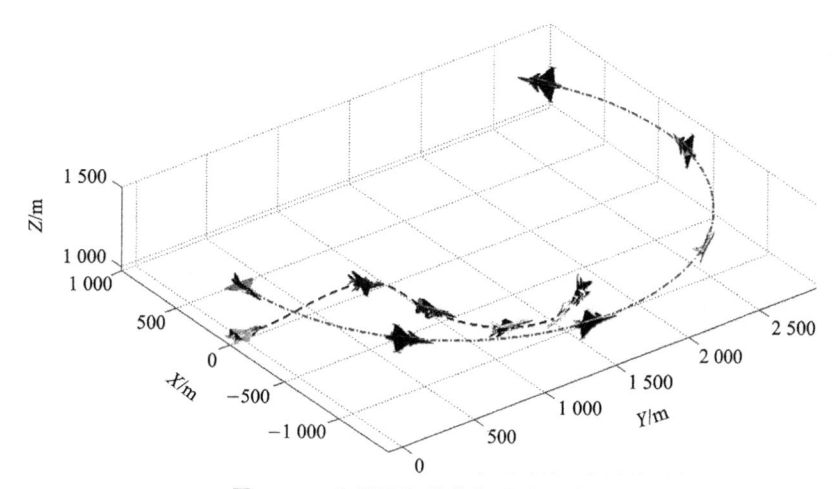

图 5.30 交叉目标截获与跟踪机动过程

5. Sharkenhausen 机动仿真

按照给定的 Sharkenhausen 机动内容进行仿真验证,目标机和测试机初始状态按照评估机动要求进行设置。仿真得到的 Sharkenhausen 机动过程中测试机迎角及截获误差动态响应如图 5.31 所示。

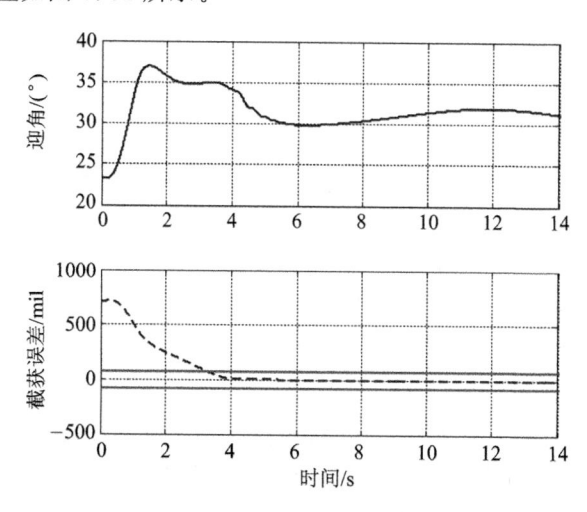

图 5.31 Sharkenhausen 机动的迎角和截获误差

当目标机达到 1.3 n mile 的范围时，测试机快速截获并跟踪目标机到 80 密位误差线范围内，截获时间大致为 3.6 s。随后的机动过程中保持对目标机的持续精确跟踪直至仿真结束，截获过程无超调出现。机动对应的评估指标满足大迎角机动任务评估对应的一级飞行品质要求。

Sharkenhausen 迎头截获为典型的空中跟踪任务，其要求快速精确的目标轴向指向能力，能够同时反映飞机大迎角下多轴向控制能力和多轴协同工作性能。由于过失速机动飞机的最大战术效益在于它的快速机头指向能力，使用像 Sharkenhausen 这样的跟踪任务评估时，可以验证飞机总体的控制特性，直接反映过失速机动的作战效能，因此推荐用于大迎角机动飞行品质评估。

Sharkenhausen 迎头截获机动过程如图 5.32 所示。

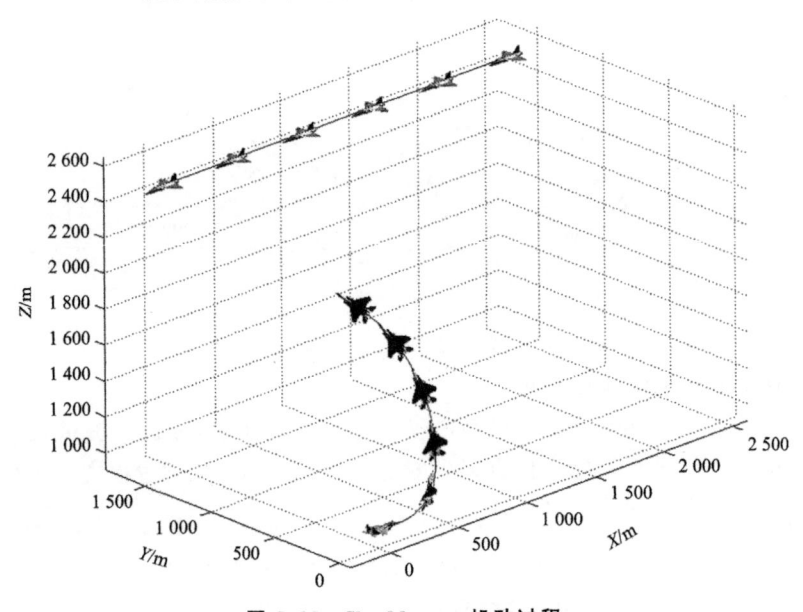

图 5.32　Sharkhausen 机动过程

5.3　大迎角机动飞行品质评估软件

按照第 4 章中所提出的评估框架和量化标准，进行了大迎角机动飞行品质评估软件的开发，并按照机动任务评估和敏捷性评估两种评价体系对飞机大迎角机动性能进行了全面评估。大迎角机动飞行品质评估软件的评估指标设计框架如图 5.33 所示。

大迎角机动评估软件在对特定机动进行评估时，以仿真数据为基础，对各机动评估指标对应的数据进行计算和分析，并按照给定的量化标准对机动性能进行评估。图 5.34 以 Sharkenhausen 机动评估为例，介绍评估软件界面。

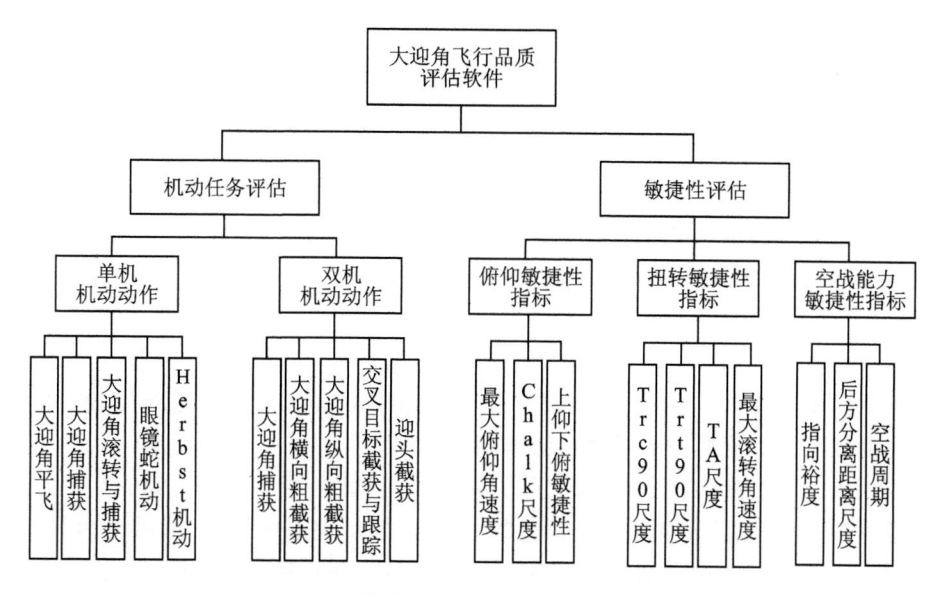

第 5 章 大迎角非线性控制与机动评估仿真验证

图 5.33 大迎角飞行品质评估软件架构图

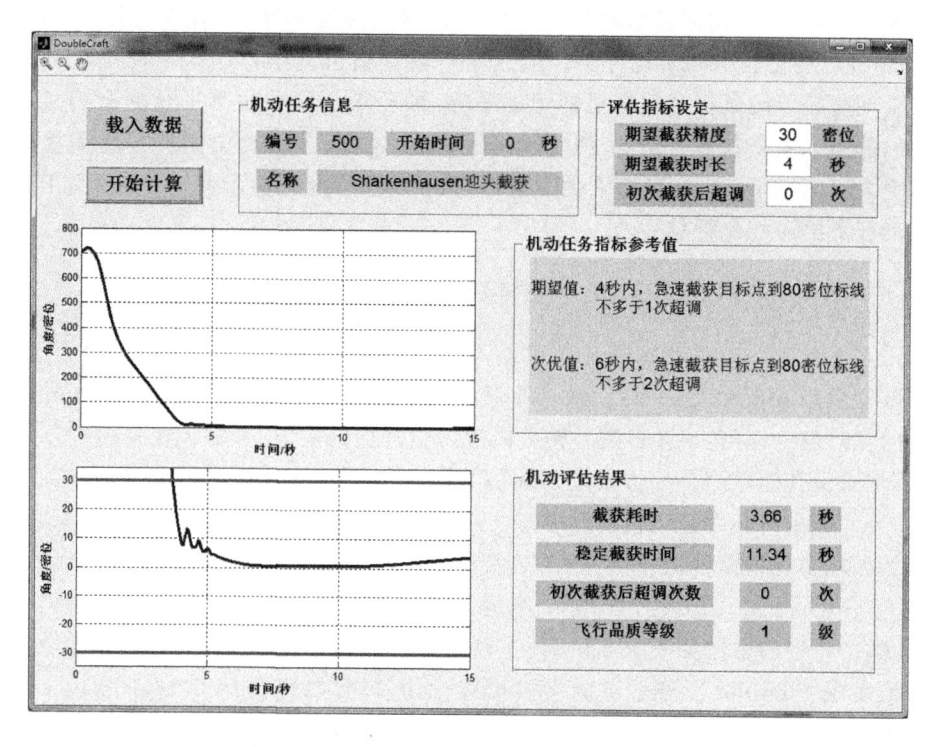

图 5.34 Sharkenhausen 机动评估软件界面

5.4 基于 FlightGear 的机动评估可视化显示

飞行可视化仿真是飞机控制设计及飞行品质评估的重要手段[57]。合格的大迎角机动评估可视化仿真系统,应不仅能够直观地显示单架飞机的三维运动,还要拥有同时显示多架飞机相对运动态势的功能。许多出色的飞行可视化仿真软件如 FightGear 和 X‐Plane 等都被用来辅助进行飞机控制律设计及飞行仿真验证。例如,Bittar 和 Richard 均采用飞行模拟软件 X‐Plane 结合 Simulink 来搭建无人机可视化仿真平台[58-59];Cetin 和 Yin 将 FlightGear 飞行仿真软件作为无人机控制器设计验证的可视化显示输出[60-61];除无人机领域外,FlightGear 还被应用于重装空投、高超声速飞行器以及过失速机动的可视化仿真验证当中[62-64]。

FlightGear 具有接口开放灵活、可扩展性强、机型场景丰富等优点,已广泛应用于飞行可视化仿真研究领域,本书中的大迎角机动评估可视化显示平台即采用 FlightGear 和 Simulink 联合搭建实现。尽管 FlightGear 结合 Simulink 进行可视化仿真环境设计的方案已经较为成熟,但绝大多数先前的研究仅将 FilgitGear 作为单机可视化仿真接口,用来显示单架飞机的姿态变化及运动轨迹,并没有给出 FlightGear 多机可视化显示的实现方案。大迎角机动评估机动中,截获、指向等机动任务均需要同时显示测试机和目标机的运动态势,即要求可视化仿真平台拥有多机同步显示的能力。本书在深入分析 FlightGear 软件多机联合仿真功能及其通信接口的基础上,设计了 Simulink 环境下的 FlightGear 多机可视化显示驱动模块,用于大迎角机动任务的可视化评估。

5.4.1 单机/多机仿真 UDP 数据包格式

采用 FlightGear 作为可视化仿真终端时,需要外部模块提供飞机实时姿态、位置等数据驱动 FlightGear 运行,这时外部节点需使用 UDP 协议来实现与 FlgihtGear 软件的实时网络通信。UDP 是一种面向数据包的通信协议,数据包在传输时不需要校验,相比于其他数据传输方式更加简便、快捷。采用 UDP 协议驱动 FlightGear 运行,需要外部接口在发送飞机实时姿态、位置等数据时遵从 FlighGear 给定的数据包格式。如在实现单机可视化仿真时,飞行动态模型(FDM)数据在通过 UDP 协议传输到 FlightGear 前,需要按照给定顺序进行数据打包处理。飞机姿态及位置信息在 FDM 数据包中的占位如表 5.5 所列。

为实现 FlightGear 环境下的多机可视化仿真需求,需使用其 Multiplayer 多机联合仿真功能。外部接口利用 Mulitplayer 功能将其他飞机的飞行姿态及位置等信息发送给 FlightGear 时,同样需要按照指定数据格式进行打包处理。主要飞行状态变量在其中所占位置如表 5.6 所列。

表 5.5　FightGear 单机仿真 FDM 数据包

飞机状态信息	起始字	信号类型	长度/字节
经度 λ	1	Double	8
纬度 φ	3	Double	8
高度 H	5	Double	8
滚转角 ϕ_L	9	Float	4
俯仰角 θ_L	10	Float	4
偏航角 ψ_L	11	Float	4

表 5.6　FightGear 多机仿真 Multiplayer 数据包

飞机状态信息	起始字	信号类型	长度/字节
X_E	37	Double	8
Y_E	39	Double	8
Z_E	41	Double	8
滚转角 ϕ_E	43	Float	4
俯仰角 θ_E	44	Float	4
偏航角 ψ_E	45	Float	4

FlightGear 中可同时显示的飞机数量取决于外部输入的 Mulitplayer 数据包个数，每添加一个 Multiplayer 发送模块，即可在 FlightGear 软件中添加显示一架飞机的运动状态。因此在 Simulink 中完成 Multiplayer 数据发送模块搭建后，可以灵活地配置发送模块数量，控制 FlightGear 中多机运动的显示情况。

5.4.2　WGS-84 坐标系姿态位置变换

FlightGear 采用 WGS-84 地心坐标系来描述飞机的位置和姿态，因此飞机的经纬高位置信息要转换为 WGS-84 地心坐标系下的位置坐标 X_E、Y_E、Z_E；姿态信息也要由以当地地面坐标系下的姿态角 ϕ_L、θ_L、ψ_L 转换为 WGS-84 地心坐标下的姿态角 ϕ_E、θ_E、ψ_E。位置信息转换公式如下：

$$\left. \begin{array}{l} X_E = \left(\dfrac{a}{\sqrt{1-e^2\sin^2\varphi}} + H \right)\cos\varphi\cos\lambda \\[2mm] Y_E = \left(\dfrac{a}{\sqrt{1-e^2\sin^2\varphi}} + H \right)\cos\varphi\sin\lambda \\[2mm] Z_E = \left[\dfrac{a(1-e^2)}{\sqrt{1-e^2\sin^2\varphi}} + H \right]\sin\varphi \end{array} \right\} \quad (5.1)$$

式中，a 为地球长轴半径，为 6 378 137 m；e^2 为地球椭球第一偏心率的平方，约为

0.006 694 38。

姿态信息转换可以利用四元数旋转变换的方法。首先将经纬度信息转换为四元数 q_1：

$$q_1 = \begin{bmatrix} w_1 \\ x_1 \\ y_1 \\ z_1 \end{bmatrix} = \begin{bmatrix} \cos\left(\frac{\lambda}{2}\right)\cos\left(-\frac{\pi}{4}-\frac{\varphi}{2}\right) \\ -\sin\left(\frac{\lambda}{2}\right)\sin\left(-\frac{\pi}{4}-\frac{\varphi}{2}\right) \\ \cos\left(\frac{\lambda}{2}\right)\sin\left(-\frac{\pi}{4}-\frac{\varphi}{2}\right) \\ \sin\left(\frac{\lambda}{2}\right)\cos\left(-\frac{\pi}{4}-\frac{\varphi}{2}\right) \end{bmatrix} \quad (5.2)$$

然后将当地地面坐标系下的姿态角 ϕ_L、θ_L、ψ_L 也转换为四元数 q_2：

$$q_2 = \begin{bmatrix} w_2 \\ x_2 \\ y_2 \\ z_2 \end{bmatrix} = \begin{bmatrix} \cos\left(\frac{\phi_L}{2}\right)\cos\left(\frac{\theta_L}{2}\right)\cos\left(\frac{\psi_L}{2}\right) + \sin\left(\frac{\phi_L}{2}\right)\sin\left(\frac{\theta_L}{2}\right)\sin\left(\frac{\psi_L}{2}\right) \\ \sin\left(\frac{\phi_L}{2}\right)\cos\left(\frac{\theta_L}{2}\right)\cos\left(\frac{\psi_L}{2}\right) - \cos\left(\frac{\phi_L}{2}\right)\sin\left(\frac{\theta_L}{2}\right)\sin\left(\frac{\psi_L}{2}\right) \\ \cos\left(\frac{\phi_L}{2}\right)\sin\left(\frac{\theta_L}{2}\right)\cos\left(\frac{\psi_L}{2}\right) + \sin\left(\frac{\phi_L}{2}\right)\cos\left(\frac{\theta_L}{2}\right)\sin\left(\frac{\psi_L}{2}\right) \\ \cos\left(\frac{\phi_L}{2}\right)\cos\left(\frac{\theta_L}{2}\right)\sin\left(\frac{\psi_L}{2}\right) - \sin\left(\frac{\phi_L}{2}\right)\sin\left(\frac{\theta_L}{2}\right)\cos\left(\frac{\psi_L}{2}\right) \end{bmatrix} \quad (5.3)$$

则 WGS-84 坐标下的姿态角对应的四元数 q_3 可以通过四元数旋转得到：

$$q_3 = \begin{bmatrix} w_3 \\ x_3 \\ y_3 \\ z_3 \end{bmatrix} = q_1 q_2 = \begin{bmatrix} w_1 w_2 - x_1 x_2 - y_1 y_2 - z_1 z_2 \\ w_1 x_2 + x_1 w_2 + z_1 y_2 - y_1 z_2 \\ w_1 y_2 + y_1 w_2 + x_1 z_2 - z_1 x_2 \\ w_1 z_2 + z_1 w_2 + y_1 x_2 - x_1 y_2 \end{bmatrix} \quad (5.4)$$

最后将 q_3 按照如下公式转换为 ϕ_E、θ_E、ψ_E：

$$\begin{bmatrix} \phi_E \\ \theta_E \\ \psi_E \end{bmatrix} = \begin{bmatrix} \dfrac{2A_n}{\|q_3\|\sin A_n} x_3 \\ \dfrac{2A_n}{\|q_3\|\sin A_n} y_3 \\ \dfrac{2A_n}{\|q_3\|\sin A_n} z_3 \end{bmatrix}, \quad A_n = \arccos\left(\dfrac{w_3}{\|q_3\|}\right) \quad (5.5)$$

5.4.3 可视化显示评估示例

以 Sharkenhausen 双机机动可视化仿真为例，在 Simulink 中搭建 Sharkenhausen 机动仿真模块后，将测试机和目标机的位置、姿态等数据分别利用 FDM 和 Multi-player 发送模块进行打包处理，之后利用 UDP 协议实时同步发送到 FlightGear 软件进行可视化演示。特别对于 Multiplayer 发送模块,在数据打包前还需要先将飞机用经纬高表示的位置信息及当地坐标系下的姿态数据转换为 WGS-84 地心坐标系下的位置和姿态数据。

Simulink 和 FlightGear 环境下的飞机大迎角机动双机可视化仿真框架如图 5.35 所示。

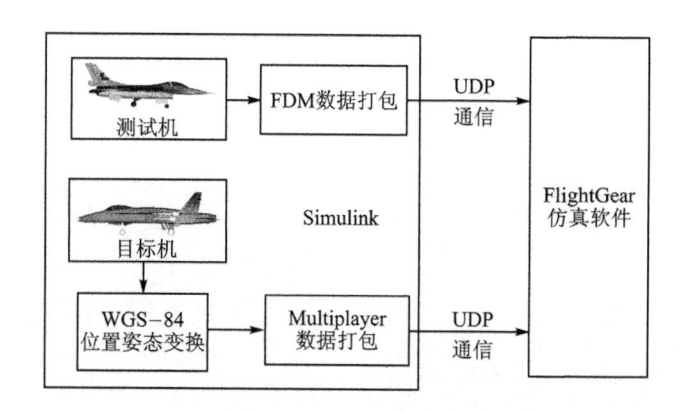

图 5.35 双机可视化仿真框架

以 Sharkenhausen 机动为例,可视化显示结果如图 5.36 所示。

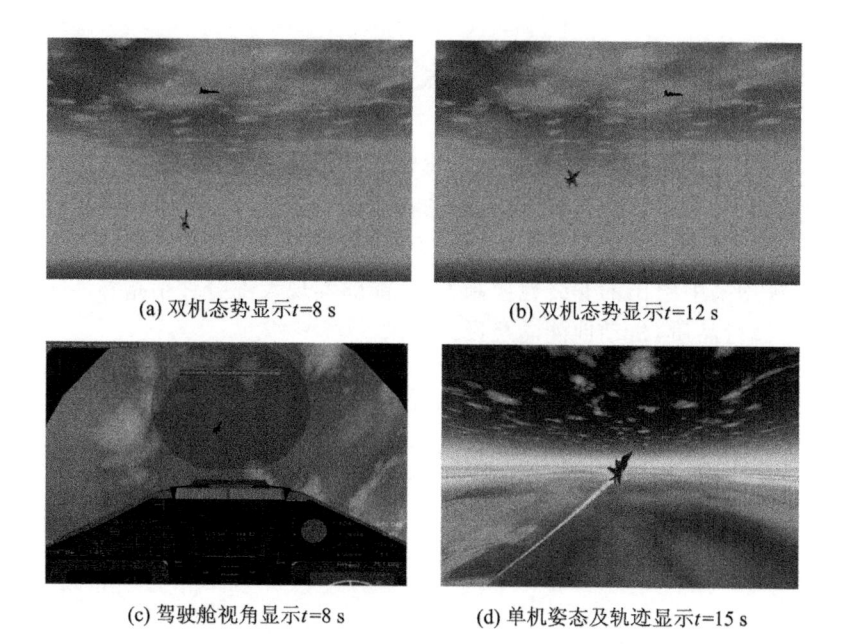

(a) 双机态势显示 $t=8$ s

(b) 双机态势显示 $t=12$ s

(c) 驾驶舱视角显示 $t=8$ s

(d) 单机姿态及轨迹显示 $t=15$ s

图 5.36 Sharkenhausen 双机机动可视化仿真

利用外部观测视角,shakenhausen 机动过程中测试机和目标机的相对位置态势会非常直观地显示出来,而座舱视角的引入,更生动地给出了测试机在捕获和跟踪目标机过程中瞄准线指向的动态情况。此外,FlightGear 还可以分阶段显示出大迎角过失速机动中的关键位置,从而更好地对飞行状态及机动性能进行评估验证。

除双机机动可视化演示外,本书中的 Simulink 和 FlightGear 联合可视化仿真框架还支持单机动态显示及多机协同仿真演示,如图 5.37 所示。FightGear 直观且丰富的显示方式,满足了大迎角飞行条件下的机动任务性能评估对可视化仿真平台的需求。

(a) 眼镜蛇机动显示　　　　　　　　　　(b) 多机协同显示

图 5.37　FlightGear 单机及多机协同可视化演示

5.5　本章小结

本章以第 2 章中给出的战斗机非线性模型为研究对象,对第 4 章中所提出的大迎角机动敏捷性评估指标及机动任务评估指标逐一进行了仿真验证,并对任务指标的适用性、大迎角机动的敏捷性优势及推力矢量的重要作用进行了相关分析。仿真结果表明,采用书中给出的非线性控制方案,能够实现大部分评估指标所定义的大迎角机动一级飞行品质,机动性能满足设计要求。

此外,本章还针对后续评估工作开展的需求,设计了相应的大迎角机动飞行品质评估软件,并在解析数据通信协议的基础上,利用 FlightGear 软件和 Simulink 软件实现了大迎角机动单机/多机机动的实时可视化显示,使大迎角机动评估工作更为直观、便利。

结束语

本书以获取近距空战优势为出发点，研究现代战斗机用于实现过失速机动所必需的非线性、非定常建模技术、非线性控制技术和大迎角机动评估技术。

针对传统气动导数模型难以精确描述大迎角机动非定常气动特性的实际，基于最新的气动吹风数据，提出了基于状态空间模型和神经网络模型的非定常气动混合建模方案，并给出了相应的嵌套优化结构及模型简化方法。该非定常气动混合模型可用于飞机多自由度运动气动建模，在反映非定常气动真实时滞特性的同时，保证了模型的近似精度。

针对大迎角机动所具有的强烈非线性特性，给出了基于扩展线性化和基于力矩控制逆模型的动态逆控制方案，重点讨论了动态逆设计方法。为解决气动舵面力矩控制效益难以精确解析表述和求逆运算的问题，采用反向传播神经网络模型直接构建其对应的力矩控制逆模型。采用风洞试验数据优化该逆模型的相关参数，确保在给定力矩期望值时，逆模型能够精确输出其对应舵面偏转值。对于推力矢量模型，采用解析的方式推导其逆模型实现方案，同样获得了较为精确的力矩控制逆模型，从而为内环角速度动态逆控制设计实现打下了基础。

推力矢量的引入使大迎角机动控制成为一个异构多模态控制系统。为实现推力矢量和气动舵面的协同工作和有序切换，给出了基于力矩补偿的控制分配方案，采用动压和迎角作为权限因子，在不同机动场合中合理分配推力矢量和气动舵面的力矩补偿量，实现了二者的平稳切换，同时又免除了对飞机本体复杂气动力矩的计算工作，减轻了计算量。

针对大迎角机动下的主要控制构型，分别推导了姿态角、气流角的动态逆解耦控制实现方式，在内环角速度控制的基础上，利用参考模型的设计方法，使得各控制系统的响应能够满足对应飞行品质的要求。在指向控制设计时，针对能够直接指向和不能直接指向两种情形分别给出了相应的控制方案，并使用目标参数优化方案设计控制参数。

针对大迎角机动飞行品质评估指标，深入研究了战斗机敏捷性评估规范，整合出适用于大迎角机动的敏捷性评估指标，并给出了推荐的量化准则。针对大迎角机动面向任务的特性，采用国外使用的使命-任务-单元（MTE）分解的方法，从现有标准评估机动集合中筛选、补充和归纳出单机、双机大迎角机动任务评估指标，并将敏捷性指标同机动任务指标相结合，构成了一套较为完整的大迎角机动评估体系。

对于书中所提出的大迎角机动敏捷性评估指标及机动任务评估指标，逐一进行了仿真验证，并结合仿真结果，对任务指标的适用性、大迎角机动的敏捷性优势及推力矢量的应用价值进行了分析。此外,为便于后续评估工作的开展,在给定评估框架和量化准则的基础上,开发了大迎角机动飞行品质评估软件,并使用 FlightGear 和 Simulink 联合仿真实现了大迎角单机/多机机动的实时可视化显示。

  本书在战斗机过失速机动控制所涉及的相关技术,即建模、控制与评估几个方面开展了较为深入的研究,分别给出了一些解决方案,为该领域的进一步研究提供了技术支持,预计在未来新型战斗机的空战机动控制领域将会取得更多、更深入的成果。

参考文献

[1] Francis Michael S, Henderson E Devere. X-31 enhanced fighter maneuverability demonstrator: flight test achievements[C]. 19th ICAS Conference, Anaheim,1994: 550-561.

[2] 洪剑峰. 推力矢量飞机过失速机动仿真研究及大迎角非线性控制律设计[D]. 西安:西北工业大学, 2003.

[3] Wilson David J, Riley David R. Development of high angle of attack flying qualities criteria using ground-based manned simulators[C]. Aerospace and Electronics Conference,1989: 407-414.

[4] 王旭,张曙光. 过失速机动评估及品质评价方法研究[C].长沙:中国航空学会飞行力学与飞行试验学术交流会,2004:55-60.

[5] 刘圣宇,董彦斌,姜晓莲. 过失速机动对空战性能的影响研究[J]. 吉林:吉林工程技术师范学院学报, 2012, 28(8): 70-72.

[6] 孙金标,等. 过失速机动对抗战法研究[J]. 飞行力学, 2003, 21(3): 10-13.

[7] 陈永亮. 飞机大迎角非线性动力学特性分析与控制[D].南京:南京航空航天大学,2007.

[8] Hiroyuki Takano. Optimal vertical maneuvers of the aircraft with thrust vectoring in the rigid body model[C]. International Conference on Control Automation and Systems. Seoul, 2007: 2100-2103.

[9] Özgür Atesoglu, Kemal Özgören M. High-alpha flight maneuverability enhancement of a fighter aircraft using thrust-vectoring control[J]. Journal of Guidance, Control, and Dynamics, 2007, 30(5): 1480-1493.

[10] Hammett Kelly D, Reigelsperger William C, Banda Siva S. High angle of attack short period flight control design with thrust vectoring[C]. American Control Conference. Washington, 1995: 170-174.

[11] Lu Bei, Wu Fen. Switching-based fault－tolerant control for an F-16 aircraft with thrust vectoring[C]. Decision and Control Conference/ Chinese Control Conference. Shanghai, 2009: 8494-8499.

[12] ZhangYoumin. Reconfigurable control allocation against aircraft control effector failures[C]. IEEE International Conference on Control Applications, Siena, 2007: 1197-1202.

[13] Richards A, How J. Mixed-integer Programming for Control[A]. 2005 Amr-

rican Control Conference [C]. Protland, OR, USA: June 8-10, 2005: 2676-2683.

[14] 龚正. 先进飞行器非定常气动力建模、控制律设计及验证方法研究[D]. 南京:南京航空航天大学, 2011.

[15] 任泽玉. 先进歼击机超机动飞行运动建模与控制研究[D]. 南京:南京航空航天大学, 2013.

[16] 张聪,等. 超机动飞机飞行控制及大迎角飞行品质研究[J]. 航空工程进展, 2011, 2(04): 383-388.

[17] 邹新生. 飞行器非线性参数辨识与鲁棒控制研究[D]. 北京:清华大学, 2006.

[18] 杨立芝. 大迎角气动力数值模拟及建模研究[D]. 西安:西北工业大学, 2004.

[19] Greenwell D. A Review of Unsteady Aerodynamic Modeling for Flight Dynamics of Manoeuvrable Aircraft[C]. AIAA Atmospheric Flight Mechanics Conference and Exhibit, 2004: 2004-5276.

[20] Zakaria MY, Taha HE. Experimental-Based Unified Unsteady Nonlinear Aerodynamic Modeling for Two-Dimensional Airfoils[C]. 33rd AIAA Applied Aerodynamics Conference, 2015:2015-3167.

[21] Williams David R, Reißner F, Greenblatt D. Modeling Lift Hysteresis with a Modified Goman-Khrabrov Model on Pitching Airfoils[C]. 45th AIAA Fluid Dynamics Conference, 2015: 2015-2631.

[22] Kumar R, Mishra A. Nonlinear Modeling of Cascade Fin Aerodynamics Using Kirchhoff's Steady-State Stall Model[J]. Journal of Aircraft, 2012, 49(1): 315-319.

[23] Chen Gang, Xu Min, Chen Shilu. Reduced-order Model Based on Volterra Series in Nonlinear Unsteady Aerodynamics[J]. Journal of Astronautics 2004, 25(5): 492-295.

[24] Zhang Weiwei, Wang Bobin. Unsteady Nonlinear Aerodynamics Identification Based on Neural Network Model[J]. Acta Aeronautica Et Sinica, 2010, 31(7): 1379-1388.

[25] Kumar R. Nonlinear Longitudinal Aerodynamic Modeling Using Neural Gauss-Newton Method[J]. Journal of Aircraft, 2011, 48(5): 1809-1813.

[26] Wang Qing, Qian Weiqi, He Kaifeng. Unsteady Arodynamic Mdeling at High Angles of Attack Usingg Support Vector Machines[J]. Chinese Journal of Aeronautics, 2015, 28(3): 659-668.

[27] Ignatyev Dmitry I, Khrabrov Alexander N. Neural Network Modeling of Unsteady Aerodynamic Characteristics at High Angles of Attack[J]. Aerospace Science and Technology, 2015, 41: 106-115.

参考文献

[28] 郑万祥. 大迎角非定常气动力建模及气动模型研究[D]. 南京:南京航空航天大学, 2013.

[29] 史志伟, 尹江辉, 明晓. 非定常自由来流对飞机过失速机动特性的影响研究[J]. 空气动力学学报, 2008, 26(4): 486-491.

[30] Goman M, Khrabrov A. State-space Representation of Aerodynamic Characteristics of an Aircraft at High Angles of Attack[J]. Journal of Aircraft, 1994, 31(5):1109-1115.

[31] Sun Wei, Gao Zhenghong. Mechanism of Unconventional Aerodynamic Characteristics of An Elliptic Airfoil[J]. Chinese Journal of Aeronautics, 2015, 28(3): 687-694.

[32] 王峥华. 飞机大迎角非定常气动力建模和仿真研究[D]. 南京:南京航空航天大学, 2010.

[33] Mazidah Tajjudin, Norlela Ishak. Optimized PID control using Nelder-Mead method for electro-hydraulic actuator systems[C]. Control and System Graduate Research Colloquium. Shah Alam, 2011: 90-93.

[34] Nicolas Boely, Ruxandra Mihaela Botez. New Approach for the Identification and Validation of a Nonlinear F/A-18 Model by use of Neural Networks[J]. IEEE Transactions on Neural Networks, 2010, 21(11):1759-1765.

[35] 李浩. 风洞虚拟飞行试验相似准则和模拟方法研究[D]. 中国空气动力研究与发展中心研究生部. 2012.

[36] Pattinson J. Investigation of Poststall Pitch Oscillations of an Aircraft Wind-Tunnel Model[J]. Journal of Aircraft, 2013, 50(6): 1843-1855.

[37] 张明廉. 飞行控制系统[M]. 北京:航空工业出版社, 1994.

[38] 张力, 王立新. 推力矢量飞机控制律设计及过失速机动仿真研究[J]. 飞行力学, 2008, 26(04): 1-3.

[39] 高慧琴, 高正红. 典型过失速机动运动规律建模研究[J]. 飞行力学, 2009, 27(4): 9-13.

[40] 王东. 新型气动布局战斗机控制技术[D]. 北京:北京航空航天大学, 2001.

[41] 张子军. 大迎角推力矢量控制设计中的几个问题研究[C]. 中国航空学会控制与应用第十届学术年会. 沈阳, 2002: 211-216.

[42] 岳磊, 程涛. 过失速下推力矢量飞机的仿真研究[C]. 中国航空学会控制与应用第十二届学术年会. 西安, 2006: 143-149.

[43] FanYong, Zhu Jihong, Sun Zengqi. Fuzzy Logic Bsed Constrained Control Allocation for an Advanced Fighter[C]. International Conference on Computational Intelligence for Modeling, Control and Automation. Sydney, 2006: 200-205.

[44] Cen Fei, Sun Haisheng, Liang Pin. Design and evaluation of a post-stall maneuverable flight control law based on nonlinear dynamic inversion[C]. 30th Chinese Control Conference, 2011: 293-298.

[45] 高浩. 飞机大迎角飞行品质研究进展[J]. 飞行力学, 1993, 17(1): 1-6.

[46] 岳磊, 程涛. 过失速下推力矢量飞机的仿真研究[C]. 中国航空学会控制与应用第十二届学术年会. 西安, 2006: 143-149.

[47] 王博. 基于飞行品质、敏捷性要求的控制律设计方法研究[D]. 南京:南京航空航天大学, 2008.

[48] 方振平, 沈作军. 有关飞机敏捷性尺度的综合评述[J]. 北京:北京航空航天大学学报, 1993, 3: 67-73.

[49] 陈跃. 关于飞机瞬时敏捷性尺度的计算[J]. 飞行力学, 1994, 12(2): 10-14.

[50] 李益瑞, 王仁兴. 飞机敏捷性尺度计算方法研究[J]. 飞行力学, 1995, 13(3): 68-74.

[51] Cliff Eugene M. Toward a theory of aircraft agility[C]. AIAA Atmospheric Flight Mechanics Conference. Portland, 1990: 85-93.

[52] Cord T. A standard evaluation maneuver set for agility and the extended flight envelope—An extension to HQDT[C]. AIAA Atmospheric Flight Mechanics Conference. Boston, MA, 1989: 92-95.

[53] 张力, 王立新, 付泱. 战斗机过失速机动特征指标的量化评估[J]. 北京:北京航空航天大学学报, 2008, 34(9): 1053-1056.

[54] Willion David J, Riley David R, Citurs Kevin D. Aircraft maneuvers for the evaluation of flying qualities and agility[Z]. Mcdonnell Douglas Aerospace, 1993.

[55] 高浩. 下一代战斗机设计中的几个飞行力学问题[J]. 飞行力学. 1996, 14(1): 1-9.

[56] 胡朝江, 周航星. 大迎角飞行品质模拟研究[J]. 空军工程大学学报(自然科学版), 2001, 2(1): 6-9.

[57] Zhang Jingsha, Geng Qingbo, Fei Qing. UAV flight control system modeling and simulation based on FlightGear[C]. International Conferefnce on Automatic Control and Artificial Intelligence, 2012: 2231-2234.

[58] AdrianoBittar, Helosman V Figuereido. Guidance Software-in-the-loop Simulation Using X-Plane and Simulink for UAVs[C]. International Conference on Unmanned Aircraft Systems, 2014: 993-1002.

[59] Garcia R, Barnes L. Multi-UAV simulator utilizing X-Plane[J]. Journal of Intelligent and Robotic Systems, 2010, 57(1-4): 393-406.

[60] Cetin O, Kurnaz S, Kaynak O. Fuzzy logic based approach to design of autonomous landing system for unmanned aerial vehicles[J]. Journal of Intelli-

gent & Robotic Systems, 2001, 61(1-4): 239-250.

[61] Yin Qiang, Xian Bin, Zhang Yao. Visual simulation system for quadrotor unmanned aerial vehicles[C]. 30th Chinese Control Conference, 2011: 454-459.

[62] Zhang Jiuxing, Xu Haojun. Safety modeling and simulation of multi-factor coupling heavy-equipment airdrop[J]. Chinese Journal of Aeronautics, 2014, 27(5): 1062-1069.

[63] Yan Lingling, Li Shaoyuan. Predictive control for hypersonic vehicle and visual simulation[C]. 30th Chinese Control Conference, 2011: 3389-3394.

[64] Cen Fei, Sun Haisheng. Visual simulation research of post-stall maneuverability flight control laws based on Matlab/Flightgear/Atlas[C]. 31st Chinese Control Conference, 2012: 607-612.